中小学心理健康教育
教师专业培训系列用书

丛书主编　庞红卫

幼儿心理游戏设计与实操

赵　轩　包玉洁　编著

宁波出版社
NINGBO PUBLISHING HOUSE

图书在版编目（CIP）数据

幼儿心理游戏设计与实操 / 赵轩，包玉洁编著 . -- 宁波：宁波出版社，2025.1
ISBN 978-7-5526-5290-1

Ⅰ. ①幼… Ⅱ. ①赵… ②包… Ⅲ. ①学前儿童—心理健康—健康教育 Ⅳ. ① B844.12

中国国家版本馆 CIP 数据核字（2024）第 044716 号

幼儿心理游戏设计与实操

YOU'ER XINLI YOUXI SHEJI YU SHICAO

赵 轩 包玉洁 编著

策划编辑 陈 静
责任编辑 刘思雨 陈 静
责任校对 俞静娴
出版发行 宁波出版社
地址邮编 宁波市甬江大道 1 号宁波书城 8 号楼 6 楼 315040
装帧设计 金字斋
印 刷 宁波白云印刷有限公司
开 本 787 毫米 ×1092 毫米 1/16
印 张 11.5
字 数 137 千
版 次 2025 年 1 月第 1 版
印 次 2025 年 1 月第 1 次印刷
标准书号 ISBN 978-7-5526-5290-1
定 价 46.00 元

序

在幼儿成长的道路上,游戏不仅是他们最自然的学习方式,更是他们探索世界、表达自我、获得自我发展的重要途径。《幼儿心理游戏设计与实操》一书正是基于这一理念,对心理学中的经典研究范式进行了梳理,并根据儿童发展阶段,将儿童心理品质相关研究的经典范式进行拆解和整合,通过巧妙设计与精心策划生成能够促进儿童心理品质发展的游戏活动,从而促进幼儿在认知、情感、社会交往等多方面的健康发展。在充分理解和尊重儿童身心发展特点的基础上,本书作者创造性地扩展了范式的内容,使之更加贴近幼儿的实际需求。因此,在提供具体游戏设计的同时,作者也特别注重延展部分的编写,致力于打造一个既科学又充满趣味性的幼儿心理游戏体系。作者秉持着"以儿童为中心"的原则,旨在通过这些精心设计的游戏,激发幼儿内在的好奇心和探索欲,培养他们积极向上的心态和解决问题的能力。这不仅为读者提供了深入思考和探索的空间,更鼓励读者根据自己的观察和理解,创作出更多适合幼儿的心理游戏。

本书共分为七个章节。第一章主要界定了心理游戏的定义、功能与类型，为读者梳理出了心理游戏的基本理念。第二章以儿童发展心理学为理论基础，结合幼儿身心发展特点重点梳理出了3—6岁儿童身心发展的五项关键心理能力，即记忆、情绪、推理、运动、注意。第二章的第二节系统梳理了心理学研究中关于记忆、情绪、推理、运动、注意等心理现象、心理活动的经典研究范式，以此为心理游戏设计的理论指引，为幼儿心理游戏创设提供支持与保障。后续的五个章节对五种儿童心理品质进行了具体的论述说明，并通过案例分解的形式逐步展开，手把手教读者如何设计出科学、有趣味的心理游戏，为读者提供了深入理解幼儿心理的钥匙。

本书不仅可以作为一本开展幼儿心理品质培养工作的指导工具书，还可以作为幼儿心理发展家校共育的有效载体。愿本书能成为每一位关心幼儿心理发展的朋友的得力助手，让我们携手为孩子们创造一个更加美好、健康的成长环境。愿每一位读者都能从书中获得启发和力量，与孩子们一同在游戏的海洋中畅游，享受这份来自童年的纯真与快乐。

浙江省教育科学研究院副院长
浙江省中小学心理健康教育指导中心办公室主任　庞红卫

目　录

第一章　幼儿心理与游戏

第二章　幼儿身心发展与关键心理能力

第三章　幼儿记忆力游戏

第四章　幼儿情绪力游戏

第五章 幼儿推理力游戏

第六章 幼儿运动力游戏

第一章

幼儿心理与游戏

孩子是祖国的未来，是民族复兴的重要保障。培养健康聪明的孩子是每一个家庭每一对父母最大的愿望。随着改革开放的不断深入，我国卫生健康事业获得了长足发展，居民主要健康指标总体优于中高收入国家平均水平。然而，根据国家卫健委2018年的数据显示，我国17岁以下儿童青少年中，约3000万人受到各种情绪障碍和行为问题的困扰，必须采取综合措施予以干预。[1] 有研究机构曾于2020年12月对中小学学生、家长和老师开展问卷调查，其发布的《儿童青少年心理健康调查报告》显示：超60%的受访学生认为自己曾经有过心理方面的困扰，主要包括情绪困扰、学习困扰、自我价值感缺失以及考试焦虑；初中生在小升初阶段经历学习压力骤增及青春期生理发育双重转变，心理困扰激增；学习压力过大是受访中小学生产生心理困扰的首要原因，但亲子关系、同伴关系亦是不容忽视的重要原因；年级越高学生越关注抑郁症话题，过半受访高中/中专生表示担心自己患抑郁症。[2] 儿童青少年的心理健康作为个体健康的重要组成部分，已经成为日益突出的公共卫生问题，威胁儿童青少年的健康成长。

许多家长对于孩子心理问题的产生存在认知误区，将孩子的心理问题等同于青春期问题，其实不然。青春期是青少年心理问题的高发时期，但研究发现很多青春期表现出来的心理与行为问题其原因都可以追溯到童年。童年是人生中的重要阶段之一，这个阶段对于个体的成长有着至关重要的影响。西格蒙德·弗洛伊德（Sigmund Freud）认为，人的童年经历对于人格的形成有着至关重要的影响，个体的性格形成和行为方式在童年时期受到家庭、社会和文化等多种因素的影响。E.H. 埃里克森（E.H. Erikson）提出人格的社会心理发展理论，把心理的发展划分为八个阶段，指出每一阶段的特殊社会心理任务，并认为每一阶段都有一个特殊矛盾，矛盾的顺利解决是人格健康发展的前提。埃里克森将 3—6 岁划定为学前期，个体在该阶段的肌肉运动与言语能力发展得很快，能参加跑、跳、骑小车等运动，个体对周围的环境（也包括自己的机体）充满了好奇心。[3] 这时候，如果父母对于孩子的好奇心以及探索行为不横加阻挠，让他们有更多机会去自由参加各种活动，耐心地解答他们提出的各种问题，而不是嘲笑，那么，孩子的主动性就会得到进一步发展，孩子会表现出很大的积极性与进取心。如果父母对孩子采取否定与压制的态度，就会使他们认为自己的游戏是不好的，自己提出的问题是笨拙的，自己在父母面前是被讨厌的，使孩子产生内疚感（所谓内疚感，就是认为自己做错了事情，做坏了事情）与失败感，这种内疚感与失败感还会影响孩子下一阶段的发展。

游戏是儿童开展认知活动的主要形式，也是其早期学习和生活的主要方式。大量研究证明，幼儿在游戏中能够获得社会领域、认知领域、语言领域等方面的发展。我国 1989 年试行、1996 年正式颁布的《幼儿园工作规程》指出，幼儿园应当以游戏为基本活动，明确规定了游戏在幼儿园教育中的地位。2001 年 9 月新的《幼儿园教育指导纲要（试行）》重申幼儿园应以游戏为基本活动，提出不仅要把游戏的权利交给儿童，还应通过游戏去实现教育目的。游戏是儿童学习和接触外界事物的主要途径，充分发挥游戏的作用有助于儿童了解外界，同时提升其心理能力。

第一节

心理游戏概念与功能

一、心理游戏的定义

心理游戏即使用心理学范式或技术为游戏参与者提供心理帮助、疏导或提升。广义的心理游戏是指通过团体内人际交互作用,促使个体在交往中通过观察、学习、体验、协作认识自我、探讨自我、接纳自我,调整和改善与他人的关系,学习新的处事态度和行为方式,以发展良好的生活适应能力的助人过程。狭义的心理游戏可以特指一些用于解决参与者心理困惑、增强心理体验的特定性心理辅导活动。心理游戏为参与者提供了一种良好的活动载体,创造了一种信任、温暖、被支持、被肯定、被接纳的团体氛围,使参与者通过体验式活动,创造性表达,多元参与,获得他人的社会支持力量,提升心理能力。本书所指的心理游戏特指面向幼儿开设的用于提升幼儿关键心理能力的一系列游戏活动。

二、心理游戏的功能

心理游戏具有放大心理体验的功能。相比传统游戏,心理游戏不仅注重幼儿的肢体参与,让幼儿在游戏中释放活力,同时更加侧重放大参与者的心理体验。通过运用心理技术,幼儿在游戏中进行自我观察、自我表达,从而深化心理体验,达到认识自我的目的。

心理游戏具有增强心理能力的功能。幼儿时期是个体人格发展的关键时期,也是心理能力养成的启蒙阶段。皮亚杰(Jean Piaget)认为,幼儿早期的学习形式受到生理发展的限制,要通过感知运动的参与来完成。通过开展心理游戏的形式,教师和家长可以有针对性地对孩子的注意力、情绪、自我意识等开展强化训练。

心理游戏具有舒缓情绪困扰的功能。青少年儿童在成长中难免遇到各类情绪困扰,有些情绪困扰可能会影响到青少年儿童的社会功能,使之无法更好地适应学校、社会。通过适当开展心理游戏,可以让青少年儿童减少情绪困扰,进行自我情绪调节,进而舒缓情绪,解除困扰。

心理游戏具有很强的互动性,因而具有增强人际互动的功能。一般的心理游戏可供10—15人参与,通过协助、交流、讨论、分享等形式,心理游戏可以有效增强参与者之间的人际互动性,提升参与者的群体归属感和团体动力。类似的心理游戏通常被运用于团体拓展活动的破冰环节当中。

三、心理游戏的类型

(一)从参与人数上区分

根据参与游戏的人数,心理游戏可以划分为单人游戏和多人游戏。学校开展的心理团体辅导大多以多人游戏为主,这类游戏更多偏向于以情感体验和创伤治疗为主;单人游戏往往以训练某种具体能力为主,例如注意力游戏、思维游戏等。

(二)从使用目的上区分

在游戏的目的上,心理游戏可以分为治疗性游戏和发展性游戏。治疗性游戏具有一定的适应功能，可以帮助参与者改善情绪和认知状态，从而更好地适应社会生活；发展性游戏旨在帮助参与者提升各项心理能力，促进个体的全面成长。

（三）从使用场景上区分

在使用场景上，心理游戏可以分为课堂游戏、课间游戏、亲子游戏。课堂游戏主要被运用于学校等课堂教学场所，一般以 3—6 人为一小组分组开展，教师运用课堂心理游戏可以起到提升班级集体荣誉感、提升人际沟通能力、提高核心心理素养等作用；课间游戏以学生自主游戏为主，一般 3—8 人一组，学生通过课间自主心理游戏增加课间游戏体验，增强心理韧性，提升学校生活幸福感；亲子游戏主要用于父母与孩子的互动交流，以 2—3 人为一组开展，用于增强亲子沟通，加强亲子联系，提升亲子关系质量或其他发展性功能。

第二节

幼儿心理游戏设计原则

一、保障游戏的趣味性

游戏是儿童的天性。在儿童成长过程中，游戏往往是不可缺失的，缺少了游戏会对儿童的健康快乐成长以及全面良好发展造成不利影响。因此,在儿童教育中,游戏的地位十分重要,教师必须采取各种措施开展高质量的游戏活动,通过游戏推动教育水平的切实提升。儿童之所以喜欢游戏,是因为游戏的趣味性十足,儿童能够在游戏中寻找到快乐,这是游戏最为显著的优势。好的心理游戏应当将趣味性作为重要考量。

保障游戏的趣味性就是满足儿童的个体需求的过程。儿童的成长发育中有很多生理与心理的需求需要得到认可与满足,例如3—6岁阶段的儿童因为生理发展,需要大量大肌肉运动来消耗体内能量,因此该阶段的儿童往往会比较喜欢跑、跳等身体参与游戏。此外,随着年龄的增长,儿童表现出了对于群体的归属感与安全感的需求,因此保障游戏的趣味性应当充分考虑目标儿童的群体归属需求。

游戏应当积极健康,服务于儿童的身心成长。设计精良的游戏不仅能够充分满足儿童的需求,而且具备积极健康的价值导向。切莫为了迎合儿童的需求提供不良价值导向。应当在保障游戏趣味性的同时注意游戏时间的合理性,避免儿童游戏过量对身体、心理产生不利影响。

二、保障游戏的功能性

心理游戏应当具备心理支持、心理成长的功能。好的心理游戏在设计之初就应当充分考虑到游戏的功能性,这种功能性不仅仅是为儿童提供愉悦的游戏体验,更应当是能够缓解儿童的心理适应性问题,提升儿童的关键心理能力。

适应性导向心理游戏。以缓解儿童情绪焦虑、改善亲子关系、提升人际交往能力等为主要目的的游戏,我们统称为适应性导向心理游戏。这类游戏在科学的设计和教师的正确指导下，可以有效地帮助学生缓解各类心理不适。

发展性导向心理游戏。以培育儿童关键心理能力、塑造稳定情绪表现、养成良好行为习惯为目的的游戏，我们统称为发展性导向心理游戏。这类游戏以心理训练为主，通过反复多次的心理训练达到培养关键能力的核心目的。这类游戏在设计时通常会明确儿童的年龄要求，以及每次游戏的时长和频次等内容，以便确保训练效果。

三、保障游戏的科学性

心理游戏鱼龙混杂，其中许多游戏以“心理”为名却少“心理”之实。近年来，越来越多的图书与网络视频开始引导家长关注儿童心理，这本是一件好事，是家长、教师心理健康教育意识提升的表现。但是，当前市面上标榜心理类游戏或者训练的产品，仔细分析其游戏构成不难发现，其“心理成分”往往较少。具体表现为，要么以心理能力为内容作为营销噱头，要么心理训练方法老旧不具有科学性。

心理游戏应当具有科学性，应当以心理学研究为游戏设计的底层逻辑。德国心理学家赫尔曼·艾宾浩斯（Hermann Ebbinghaus）说过：“心理学有一个悠久的历史，但有一个短暂的现在。”古希腊哲学家亚里士多德（Aristotle）的《灵魂论》一书，是人类文明历史上有关心理现象研究的第一本专著。然而，当代心理学始于 1879 年威廉·冯特（Wilhelm Wundt）在德国莱比锡大学建立的第一个心理学实验室。经过 150 余年的发展，心理研究的各个领域逐渐形成了一些经典的研究范式。这些研究范式不仅可以作为心理变量的测量方法，同时也可以通过反复训练成为提升相应心理变量的科学手段。本书中所设计的心理游戏都是根据相关心理研究领域最为经典的实验范式改编而成的，保障了方法的科学性。

参考文献：

[1] 中华人民共和国中央人民政府．国家卫生健康委员会介绍青少年健康相关科普知识 [EB/OL].（2018-05-23）[2023-12-04]. https：//www.gov.cn/xinwen/2018-05/23/content_5292961.htm#1.

[2] 南方都市报．南都民调显示：学习压力大成儿童青少年心理困扰首因 [EB/OL].（2020-12-08）[2023-12-04]. https：//www.sohu.com/na/436938935-161795.

[3] 爱利克·埃里克森．童年与社会 [M]. 高丹妮，李妮，译．北京：世界图书出版公司，2018.

第二章

幼儿身心发展与关键心理能力

第一节

幼儿身心发展特点

幼儿期指儿童从3岁到6岁或7岁这一时期,通常是儿童进入幼儿园的时期。幼儿期是儿童成长的重要阶段,幼儿心理的发展为其进入学校进行正规学习准备了必要的条件。由于身心各方面的发展和生活范围的扩大,幼儿的独立性增强,幼儿对周围的世界充满了好奇和探索的欲望。但是,由于幼儿的能力发展受限,他们的许多活动往往需要成人协助才能完成。由于知识经验的缺乏,他们还主要依靠具体形象的支持来认识外界事物。受到生理发展的限制,幼儿尚不能很好地进行自我控制与行为调节。尤其是将注意力长时间地保持在某一任务上仍旧是一件很难的事情。

一、生理的发展

(一)体态发展

研究表明,3—4岁幼儿男孩的参考身高为94.9—111.7厘米,参考体重为12.7—21.2千克,女孩的参考身高为94.1—111.3厘米,参考体重为12.3—21.5千克,并且能够在提醒下自然坐直、站直;4—5岁幼儿男孩的参考身高为100.7—119.2厘米,参考体重为14.1—24.2千克,女孩的参考身高为99.9—118.9厘米,参考体重为13.7—24.9千克,并且能够在提醒下保持正确的站、坐和行走姿势；5—6 岁幼儿男孩的参考身高为 106.1—125.8 厘米，参考体重为 15.9—27.1 千克，女孩的参考身高为 104.9—125.4 厘米，参考体重为 15.3—27.8 千克，并且能够经常保持正确的站、坐和行走姿势。

（二）身体适应能力发展

幼儿的身体适应能力不断发展。3—4 岁的幼儿能在较热或较冷的户外环境中活动；换新环境时情绪能较快稳定，睡眠、饮食基本正常；在帮助下能较快适应集体生活。4—5 岁的幼儿能在较热或较冷的户外环境中连续活动半小时左右；换新环境时较少出现身体不适；能较快适应人际环境中发生的变化，如换了新老师能较快适应。5—6 岁的幼儿能在较热或较冷的户外环境中连续活动半小时以上；天气变化时较少感冒，能适应车、船等交通工具造成的轻微颠簸；能较快融入新的人际环境，如换了新的幼儿园或班级能较快适应。

（三）体力和耐力的发展

幼儿的体力和耐力不断发展。3—4 岁的幼儿能双手抓杠悬空吊起 10 秒左右；单手将沙包向前投掷 2 米左右；单脚连续向前跳 2 米左右；快跑 15 米左右；行走 1 千米左右（途中可适当停歇）。4—5 岁的幼儿能双手抓杠悬空吊起 15 秒左右；单手将沙包向前投掷 4 米左右；单脚连续向前跳 5 米左右；快跑 20 米左右；行走 1.5 千米左右（途中可适当停歇）。5—6 岁的幼儿能双手抓杠悬空吊起 20 秒左右；单手将沙包向前投掷 5 米左右；单脚连续向前跳 8 米左右；快跑 25 米左右；行走 1.5 千米以上（途中可适当停歇）。

（四）脑的发展

3—6 岁是幼儿大脑的高速发展期，5 岁左右幼儿的脑重就能达到成人脑重的 90%，形成近 1000 万亿条突触连接，基本建构完成传递和处理信息的模式。大脑区域间的协同发展和神经元修剪及髓鞘的形成，使得幼儿能够掌握更复杂的概念和技巧。[1] 同时，这个时期大脑的发育受到外部环境的影响很大，通过益智类游戏、模仿和学习能够很好地刺激大脑的发育。

二、记忆的发展

记忆是人类积累生活经验和知识的基本手段，也是高级认知过程形成和发展的基础。根据信息理论的观点，如果把人的大脑比喻成一台电脑，记忆就是信息输入、编码、存储、检索和提取的过程。由于活动的复杂化和言语的发展，幼儿的记忆也在不断发展。与婴儿相比，幼儿的信息存储容量相应增大，对信息的接受和编码方式也在不断改进，记忆的策略和元记忆初步形成。

（一）记忆容量提升

一般认为，儿童的记忆容量随着年龄的增长而增长。幼儿的记忆容量变化主要表现在短时记忆容量变化上。研究表明，成人短时记忆容量为 7 ± 2 个组块，而 7 岁前儿童尚未达到这一标准。3—7 岁幼儿短时记忆广度分别为 3.91、5.14、5.69、6.1、6.09。[2] 有学者从工作记忆角度解释了幼儿记忆容量的增加，随着年龄的增加，工作记忆容量也在增加。3 岁的儿童在单位时间内只能处理 1 个信息单位，而 5 岁儿童能处理 7 个信息单位。

(二)有意记忆发展

幼儿初期,儿童的无意记忆占优势,凡是儿童感兴趣的、印象鲜明且强烈的事物就容易被记住,但想要儿童特意记住某一特定事物还是有一定难度。在幼儿后期,儿童的有意记忆和追忆的能力才逐步发展起来。有意记忆的出现标志着儿童记忆发展上的一个质变。苏联心理学家的实验研究也表明,幼儿中期和晚期的记忆效果都是无意记忆优于有意记忆,到了小学后,有意记忆才能赶上无意记忆。[3]

(三)形象记忆与语义记忆发展

幼儿初期,儿童的记忆还带有很大的直观形象性,通过逻辑识记的能力还很差。随着识记能力的发展,儿童掌握的词语数量也有所提升,但整个幼儿阶段,形象记忆仍占主要地位。在形象记忆中,物体或图形起主要作用,词语在其中也起着标志和组织记忆的形象作用。

(四)记忆策略的形成

记忆策略是个体为了有效完成记忆任务而采用的方法和手段。个体的记忆策略是不断发展的。法拉维尔(Flavell)提出记忆策略的发展可以分为三个阶段:一是没有策略;二是不能主动运用策略;三是能够主动运用策略。一般来说,5 岁的儿童没有策略,5—7 岁处于过渡期,10 岁以后记忆策略逐步发展起来。[4]幼儿常见的记忆策略包含复述和组织策略。复述是一种非常常见且重要的记忆策略。组织策略,又名系统化策略。该策略是指个体找出识记材料的相关联内容,并依据这些内在联系进行组织记忆的过程。研究发现,7—8 岁的儿童比幼儿更多地使用组织策略进行记忆。

三、情绪的发展

幼儿的自我情绪体验由生理需要相关的情绪体验（愉快、愤怒）转向社会性情感体验（委屈、自尊、羞愧感）。在幼儿的自我情绪体验中，最值得重视的是自尊。自尊是自我意识中最具有评价意义的情感成分，是与自尊需要相关联的自我态度体验。自尊的需求得到满足，也是心理健康的重要指标之一。研究表明，儿童的自尊水平分为高自尊、中自尊和低自尊。高自尊与儿童日后对生活的满意度和幸福感相关，低自尊则与压抑、焦虑、学校生活不适应相关。[5]

3 岁左右的儿童开始产生自尊，如果犯了错误会感到羞愧，不愿当众被人训斥。随着儿童的身体、智力、社会技能和自我评价能力的发展，其自尊也得到了发展。而儿童的自尊与对自身的认知、父母的育儿风格和对于儿童重要的他人的评价有关。

幼儿的自我控制能力也是随着年龄的变化而不断发展的。自我控制能力在 3—4 岁的儿童中还不明显；4—5 岁的儿童开始逐渐具备自我控制能力；5—6 岁的儿童绝大多数都有一定的自我控制能力，但总体仍旧偏弱。麦克拜（Maccoby）区分了四种自我控制活动：一、运动抑制。儿童在自我控制中面临的第一个问题就是学会停止、抑制某些行动。二、情绪抑制。幼儿开始能够控制自己的情绪。三、认知活动抑制。幼儿用自己的意志去抗拒某事。四、延缓满足。为了得到更大的利益而克服当下的引诱选择等待。

四、推理的发展

思维发展主要有直觉行动思维、具体形象思维和抽象逻辑思维三个阶段，幼儿期整体思维发展特点是具体形象性以及进行初步抽象概括的可能性并存。所谓具体形象性的思维是指儿童的思维主要凭借事物的具体形象和表象，而非事物的本质规律和内在联系进行推理认知。在整个幼儿期，儿童的思维水平不断提高，幼儿初期儿童更多地运用直觉思维；幼儿中期以后，开始出现抽象逻辑思维的萌芽。在幼儿发展的过程中直觉行动思维、具体形象思维和抽象逻辑思维这三种思维不是彼此孤立、一成不变的，它们在幼儿的思维习惯中所占比重随着年龄的变化而不断变化。[6]

抽象逻辑思维是在感性认识的基础上，通过概念、判断、推理来揭示事物的内在联系、本质联系的过程。幼儿的思维带有极大的具体形象性，但由于经验的累积，特别是由于第二信号系统的发展，到幼儿晚期，在其经验所及的事物范畴内，幼儿也开始能初步进行抽象逻辑思维。从具体形象思维到抽象逻辑思维的过渡，表现在儿童对事物的性质、内容或者关系的理解上，也表现在儿童的判断、推理能力的形成和发展上。在幼儿初期，由于知识经验较少，儿童做出的判断和推理往往较为浅薄；而到了幼儿晚期，随着知识经验的不断累积，此时儿童的判断和推理已经能够很好地接近事情的本质了。

杨玉英等人的研究表明，儿童的推理随着年龄的发展而发展。3 岁儿童基本不能进行推理活动；4 岁儿童的推理能力开始发展；5 岁儿童 62% 以上可以进行推理活动；6 岁和 7 岁儿童全部可以进行推理活动。[7]

五、运动的发展

个体发展的生理基础——动作的发展作为主体能动性的基本表现形式，在幼儿早期心理发展中起着重要的建构作用。它使得个体能够积极地构建和参与自身的发展，具体表现在以下四个方面。一是动作对于大脑的发育具有促进作用。动作的不断练习、丰富、熟练，可以促进大脑在结构上的完善，从而为个体的早期心理发展奠定良好的基础。二是动作使个体对外部世界的各种刺激变得警觉，并使得感觉变得精确化。三是动作使得儿童的认知结构不断改组和重建。动作既可以促使个体认知结构的不断完善和充实，也可以通过提供新经验来引起个体原有认知结构发生与新环境相适应的转变。四是动作改变个体与物理环境、社会环境的互动模式，在此过程中，个体从被动接受转向主动获取经验。

六、注意的发展

注意是和意识紧密关联的一个概念。简单来说，注意是心理活动对一定对象的指向和集中。注意的指向性是指心理活动选择了某一个对象，而忽略另一些对象。当心理活动指向某个对象的时候，注意会在这个对象上集中起来，即全神贯注，这就是注意的集中性。

注意发展是教育认知研究的重要议题，许多研究已初步阐述，小学儿童的注意功能发展轨迹定向在 6 岁已经趋于稳定，执行控制在 7 岁基本稳定。由此推测，7 岁前是注意力（特别是执行控制）快速发展的关键时期。波斯纳（Posner）等人指出，警觉发展始于婴儿期并持续到成年期，定向成熟于童年时期，而执行控制在生命的头七年里迅速发展。具体而言，从 4 岁到 7 岁左右，儿童在解决冲突的速度上有了相当大的提升，而从 7 岁到成年，解决侧翼冲突的能力基本保持不变。

第二节

幼儿关键心理能力

心理能力是进行心理活动过程中所具备的一种内隐能力，根据埃里克森的心理社会发展阶段理论，人们在每个时期的心理特征都不相同，所需要的心理能力也是不同的。《幼儿园教育指导纲要（试行）》对幼儿心理健康提出了“在集体生活中情绪安定、愉快”“大胆、清晰表达自己的想法和感受，尝试说明、描述简单的事物过程，发展语言表达和思维能力”等要求。[8] 幼儿心理健康领域具有代表性的学者郑雪按照幼儿心理成分提出认知、情感态度和动作技能三大发展目标。其中认知能力与情感能力在幼儿成长中具有基础性作用，认知与情绪发展出现偏差，会导致幼儿出现适应性问题，影响幼儿的健康成长。动作技能发展直接影响幼儿的身体健康状况，影响心理机能发展，如果幼儿长期处于身体不良状态，会导致心理机能严重受损。

本书立足认知、情感和身体三个维度，结合普通心理学的相关知识提出五种幼儿关键心理能力：记忆力、情绪力、运动力、推理力和注意力。这五种心理能力是个体先天潜在、后天可塑并且对个体的成长成才具有重要意义的，而幼儿期是这五种能力发展的关键期。根据最近发展区理论,幼儿心理健康要有一定的超前性,以促使幼儿心理向更高层次发展。例如在引发无意注意的基础上逐步发展有意注意;在教师指导下能集中注意力,逐渐延长专注时间;丰富情绪体验,合理发泄不良情绪。因此本书着重探讨了幼儿记忆力、情绪力、运动力、推理力和注意力五种心理成分的训练,以促进幼儿心理健康发展。

培育幼儿关键心理能力是幼儿心理健康教育的核心内容。幼儿期是关键心理能力发展的重要时期,关键心理能力的培育对幼儿身心健康、人格发展以至于全面发展都有着非常深远的意义。[9] 本书针对当前幼儿关键心理能力培育存在的目标偏失化、内容简单化和主体性欠缺等问题,提出了在家园共育中培育幼儿关键心理能力的方法和策略。

《幼儿园教育指导纲要(试行)》指出:“幼儿园必须把保护幼儿的生命和促进幼儿的健康放在工作的首位。树立正确的健康观念,在重视幼儿身体健康的同时,要高度重视幼儿的心理健康。”[10] 这对3—6岁的幼儿进行心理健康教育提出了明确的要求。幼儿阶段是人一生成长的重要奠基期,这个时期形成的良好心理品质(如自信、乐观、勇敢、执着等)将为幼儿以后的健康成长打下坚实的基础。因此,培育幼儿的关键心理能力是进行心理健康教育的重中之重。

一、幼儿的记忆力

记忆力是人的智力结构中最主要的基础能力之一,是思维、想象等许多其他能力发展、成熟的前提条件。记忆力伴随人的一生,与人的生活、学习、创造息息相关。记忆是人脑对经验过的事物的识记、保持、再现或再认和重现客观事物所反映的内容和经验的能力,是对信息的选择、编码、存储和提取过程。它是进行思维、想象等高级心理活动的基础。记忆的编码和提取记忆的过程是信息加工和整合的重要阶段。

（一）记忆的三阶段

编码是人获得个体经验的过程，相当于记忆中“记”的阶段。在记忆的过程中，编码有不同的层次或水平，主要有视觉的、听觉的和语义的编码，不同的编码方式对记忆有不同的影响。

存储是把感知过的事物、体验过的情感、做过的动作、思考过的问题等，以一定的形式保持在人的头脑中。知识的存储有时也叫知识的表征，它可以是事物的图像，也可以是一系列概念或命题。进行精细复述是存储信息最有效的方法，它是指把要记住的内容和已有的知识经验联系起来。存储是信息编码和提取的中间环节，它在记忆过程中有着重要的作用。

提取是指从记忆中查找已有信息的过程，是记忆过程的最后一阶段，相当于记忆中“忆”的阶段。再认和回忆是提取的基本形式。记忆力好坏是通过信息的提取表现出来的。

（二）记忆的功能

记忆有助于幼儿掌握社会技能。在幼儿心理发展过程中，记忆起到重要作用。随着幼儿活动范围的扩大，通常需要发展更为复杂的动作技能，如行走、奔跑和各种劳动技能，这就需要记忆发挥作用，保持动作经验，掌握社会技能。

记忆有助于幼儿习得问题解决的经验。在感知觉的发展过程中，幼儿通过记忆过去的经验，从而更好地分辨和确认周围事物。随着年龄的增长，他们开始面临解决问题的需求，这时候由记忆提供的知识经验，就会唤醒他们先前解决类似问题的技能。

记忆有助于幼儿发展高级语言和思维。有计划、有目的地锻炼幼儿的记忆力，在其高级语言和思维发展过程中有着重要作用。因为高级语言和思维的发展均需要以幼儿前期的记忆活动为前提。没有记忆的发展，就没有经验的积累，更不会促进幼儿更高一级别的发展。

记忆联结着幼儿心理活动的过去和现在。幼儿如果能利用好早期记忆，获得知识与技能，并不断增长才干，就能为未来生活、学习和工作奠定基础。

（三）记忆的关键期

人的记忆力，并不是天生的，而是后天科学、系统、适时训练的结果。其实，孩子在婴儿期就拥有一些记忆能力，但发展较慢。进入幼儿期，孩子的身体和大脑飞快发育，逐渐产生认知能力和理解能力，这些为记忆力的发展奠定了基础。幼儿期是人类记忆力发展最快的时期，尤其4—5岁是编码能力和提取能力发展的关键期。随着幼儿大脑发育、自我意识的产生和幼儿园生活的需求，幼儿的无意记忆会越来越强，并且有意记忆开始萌芽。这一时期幼儿的记忆力最易得到发展，记忆潜能最易得到开发，如果错过这个时期，需要花费几倍的努力才能弥补，或者说将永远无法弥补。大量研究表明，幼儿期的记忆训练有着成年期训练无法比拟的效果。此外，幼儿期是记忆策略开始产生并初步发展的时期，如果这个阶段幼儿没能掌握有效的记忆策略，那么在步入小学后，会难以应对抽象、概括、趣味性减少的知识。

（四）记忆力训练的意义

记忆力训练能有效提高幼儿的记忆能力，开发记忆潜能。有研究发现，经过记忆力训练的学生进入小学后比没训练过的学生在学习方面更轻松。众所周知，小学一至四年级主要学习一些以记忆为主的知识内容，有好的记忆能力，学习起来就得心应手。[11]

记忆力训练能提高幼儿的注意力和逻辑力。记忆力训练能潜移默化地提升幼儿的专注力、理解力和创造力。记忆技巧如“关键词记忆法”的掌握能够帮助幼儿更好地厘清知识的内在逻辑，分析思考能力也会获得明显的提升。

记忆力训练能增强幼儿的自信心和成就感。进入幼儿园后，孩子们需要学习并记忆一些知识。如果他们能够更快地掌握并记忆，他们会拥有更大的成就感并且对未来的学习充满自信。

二、幼儿的情绪力

情绪是幼儿身心发展的重要组成部分，良好的情绪识别能力对幼儿的成长和发展具有重要意义。个体在幼儿期积累的情绪识别和表达经验，会影响其成年以后生活的方方面面。情绪力即对情绪的掌控能力，情绪的掌控能力即能够体察自己以及他人的情绪、合理地表达自己情绪的能力，以及对情绪的掌握能力等，这些都属于幼儿情绪管理能力的范畴。幼儿通过对情绪的自我觉察、自我调控和自我激励，情绪力得以不断地发展。

（一）情绪的三成分

情绪是一种混合的心理现象。它是由独特的主观体验、外部表现和生理唤醒三种成分组成的。

主观体验是个体对不同情绪状态的自我感受。每种情绪有不同的主观体验，它们代表了人的不同感受，如快乐、痛苦等，构成了情绪的心理内容。情绪体验是一种主观感受，很难确定产生情绪体验的客观刺激是什么，而且不同人对同一刺激也可能产生不同的情绪。

情绪的外部表现是在情绪状态发生时身体各部分的动作量化形式，包括面部表情、姿态表情和语调表情。

生理唤醒是指情绪产生的生理反应。它涉及广泛的神经结构，如中枢神经系统的脑干、中央灰质、丘脑、杏仁核、下丘脑等。生理唤醒是一种生理的激活状态。不同情绪的生理反应模式是不一样的，如满意、愉快时，心跳节律正常；恐惧或暴怒时，心跳加速、血压升高、呼吸频率增加；痛苦时，血管容积缩小等。

（二）情绪的功能

适应功能。情绪是有机体适应生存和发展的一种重要方式。情绪是人类早期赖以生存的手段。婴儿出生时，不具备独立的生存能力和言语交际能力，这时主要依赖情绪来传递信息，成人也需通过婴儿的情绪反应及时为婴儿提供各种生活条件。在成人生活中，情绪与人的基本适应行为有关，包括攻击、躲避、寻求舒适、帮助别人等。这些行为有助于人的生存及成功地适应周围环境。

动机功能。情绪是动机的源泉之一，是动机系统的一个基本成分。适度的兴奋情绪，可以使人的身心处于活动的最佳状态，推动人们有效地完成任务。适度的紧张和焦虑情绪能促使人积极地思考和解决问题。同时，情绪对于生理内驱力也具有放大信号的作用，成为驱使人的行为的强大动力。

组织功能。情绪的组织作用是指情绪对其他心理过程的影响。情绪作为脑内的一个检测系统，对其他心理活动具有组织的作用。这种作用表现为积极情绪的协调作用和消极情绪的破坏、瓦解作用。情绪状态可以影响学习、记忆、社会判断和创造力。人在加工和提取信息时，对那些和当前情绪一致的内容表现出选择性的敏感化，这些材料容易受到注意，得到深入加工，并建立更为细致的联系。情绪的组织功能还表现在人的行为上，当人处在积极、乐观的情绪状态时，易注意到事物美好的一方面，其行为比较开放，愿意接纳外界的事物；而当人处在消极的情绪状态时，容易失望、悲观，放弃自己的愿望，或者产生攻击性行为。

社会功能。情绪在人际间具有传递信息、沟通思想的功能。这种功能是通过情绪的外部表现，即表情来实现的。表情是思想的信号，如用微笑表示赞赏，用点头表示默认等。表情也是言语交流的重要补充，如手势、语调等能使言语信息表达得更加明显或确定。情绪在人与人之间的社交活动中具有众多功能。它可以作为社会的黏合剂，使人们接近某些人，也可以作为社会的阻隔剂，使人们远离某些人。

（三）情绪的关键期

3—4 岁的幼儿已经具备基本的情绪理解能力。4—5 岁是儿童情绪能力发展的关键阶段，尤其是情绪理解和表达能力，需要进行正确的引导和教育。同时，学前教育阶段是幼儿社会情感迅速发展，道德感、理智感和审美感发展的时期，幼儿情绪调节的认知策略开始出现，并随着年龄的增长逐渐提升。他们会使用富有表达性的身体动作来辨别情绪，对情绪的外部原因和结果的理解进一步增强。这时，幼儿社会情感的发展还没有完善，因此他们对情绪的控制能力不强，生活中常常会出现一会儿哭、一会儿笑的情绪表现。随着年龄的增长，幼儿对情绪的控制能力逐渐加强。约翰·洛克（John Locke）指出，我们可以通过技巧改善儿童不正确的情绪理解或不合理的情绪表达。

（四）情绪力训练的意义

情绪力训练能帮助幼儿正确理解情绪。理解情绪包括理解自己的情绪和理解他人的情绪。正确理解自己的情绪是表达情绪和管理情绪的基础。幼儿期的情绪力训练能够帮助幼儿认知自己的情绪晴雨表，在这基础上向教师或家长表达。正确理解他人情绪对幼儿的人际关系和社会适应具有重要作用。特别是幼儿进入集体学习环境后，好的情绪理解能力能够帮助他们更好地与同学交往，适应学校生活。

情绪力训练能帮助幼儿正确表达自己的情绪。情绪没有好坏之分，喜怒哀乐都是对事件与生俱来的真实反映。但是当幼儿处于悲伤或愤怒等负面情绪时，需要寻求合适的方式排解，否则会对其生活造成不好的影响。情绪力训练可以帮助幼儿将自己的情绪以合适的方式进行表达，保持健康向上的情绪状态。

三、幼儿的推理力

对幼儿智力发展而言，初步的逻辑推理能力发展是幼儿智力发展的重要环节和主要标志。在幼儿阶段进行推理能力训练对幼儿的抽象理解能力、逻辑能力具有重要意义。推理力是以敏锐的思考分析、快捷的反应迅速地掌握问题的核心，在最短时间内做出合理正确选择的能力。推理力可分为演绎推理能力、归纳推理能力和传递性推理能力。其中，归纳推理能力和传递性推理能力处在认知发展中的核心位置，能有效帮助个体从周围环境中提取信息。

（一）推理力的分类

演绎推理能力。演绎推理能力是从一般性的前提出发，通过推导，即“演绎”，得出具体陈述或个别结论的过程。演绎推理的一般模式是“三段论”，即大前提、小前提、结论。大前提是已知的一般原理；小前提是所研究的特殊情况；结论是根据一般原理，对特殊情况做出判断。

归纳推理能力。归纳推理能力具体指幼儿能够依据某种标准对事物进行分类推断。归纳推理又可以根据前提所考察的范围，分为完全归纳推理和不完全归纳推理。完全归纳推理考察某类事物的全部对象；不完全归纳推理仅仅考察某类事物的部分对象。

传递性推理能力。传递性推理是指当需要推断两个客体的关系时，经由这两个客体与第三者的关系来进行推断的推理，即从前提 A → B 和前提 B → C 的关系中演绎出 A → C 关系的推理。

（二）推理的功能

提高幼儿的表达能力。推理力可以促使幼儿在言语表达时有理有据、条理清晰、表达精准。幼儿拥有较强的推理能力，就能准确描述心中的想法，并通过语言表达出来。在别人看来，他们条理清晰，表达准确，在合作中常常能言简意赅地表明自己的意图。

提高幼儿的行为条理性。幼儿推理力较强，能够帮助他们在混乱的局面中找出解决问题的头绪，快速做出理性、客观的判断和决策。推理力强的幼儿做事常常有明确的目标，会朝着目标有计划地采取行动，从而更高效地达成目标。

提高幼儿的学习能力。推理力是幼儿发展的关键能力与共同能力，因为所有学科的学习都离不开推理。推理力强的幼儿，头脑灵活度更高，在学习时能主动串联知识点，更好地记忆和运用知识，擅长举一反三，进行任务时善于应变。

培养严谨理性的品质。推理过程的本质是求真，是对科学的追求。幼儿在成长过程中会面临纷繁复杂的问题，好的推理能力能够帮助幼儿洞悉问题的本质，做出理性的分析与选择。面对问题，幼儿不会局限于某一个关键点，片面思考问题，而是会考虑更多层面的信息，多角度全面考虑问题。

（三）推理的关键期

大多数幼儿在 4 岁左右就开始发展推理力，到 5—7 岁时，则进入推理力发展的关键期和转折期。此时，他们处于不平稳的推理阶段。孩子回答问题时而表现得很有逻辑性，时而又语无伦次。这可能是由于孩子处于这个特殊阶段。幼儿期是归纳推理能力和传递性推理能力发展的关键期，这时的幼儿具有初步理解数量中传递性的能力，传递从心理学上讲就是推理。推理力的起步促使幼儿的抽象逻辑思维开始萌芽。

（四）推理力训练意义

推理是思维的基本形式之一，推理力训练帮助幼儿根据问题线索，分析并找出其内在的逻辑关系，并得到正确的结论。推理力训练能够锻炼幼儿的思维。幼儿具备了推理力才能对事物做出符合逻辑关系的正确判断。在幼儿未来的生活中，无论是学习知识、解决问题，还是辨别真伪，都需要运用推理的思维能力。

推理力训练能够提高幼儿的问题解决能力。推理需要不断地观察、分析并总结规律。推理力训练鼓励幼儿用不同方式去思考。教师借助分步骤讲解、启发提问等方式引导幼儿进行思维探索，并要求其以语言表达探索的结果并说明理由。这能够让幼儿通过直观形象的物体操作，获得丰富的操作经验，从而提升问题解决能力。

四、幼儿的运动力

幼儿的运动能力是反映神经系统成熟水平的重要标志，幼儿时期运动能力的发展和习惯的培养将影响其一生的健康。幼儿阶段的运动能力锻炼不仅有助于身体素质的提高，而且能提高幼儿的工作记忆能力。运动力是指人从事各种身体运动的能力，包括维持生命活动所不可缺少的走、跑、跳、掷、攀、爬、滚、翻等基本运动能力和平衡感、动感、手眼协调及足眼协调等特殊运动能力两部分。幼儿的运动力特指没有经过系统的运动训练，在自然生长发育状态下，正常人体活动所获得的跑、跳、投等基本活动能力。

（一）运动力的发展阶段

3—4 岁的幼儿能在地面沿直线或在较窄的低矮物体上走一段距离，在走路时可以配合手臂的摆动；喜欢爬楼梯、爬梯子、爬树等活动；能够控制自己开始跑步和停止跑步；尝试跳跃，从双脚跳跃到慢慢学会单脚跳跃；能够骑行三个轮子的小车。

4—5 岁的幼儿能在较窄的低矮物体上平稳地走一段距离，还可以绕着一个圆圈走；爬梯子和爬树已经掌握得比较熟练；跑步的速度变快并且学会了转弯；不仅能用单脚跳，还能进行前后跳跃；此阶段运动力发展快的孩子已经能够骑自行车。

5—6 岁的幼儿能在斜坡、荡桥和有一定间隔的物体上较平稳地行走，会像成人一样协调摆动手臂；能灵活地钻洞爬树；跑步速度越来越快，控制力也变强，很少摔倒；学会双腿交替跳跃，运动力发展快的孩子能够掌握跳远、跳绳等技巧；自行车也骑得越来越熟练。

（二）运动的功能

锻炼幼儿的心肺功能，增强幼儿的身体素质。运动可以有效改善人体测量学指标和心血管参数，提高心肺功能。幼儿时期的身体活动对幼儿的生长发育有着深刻且长久的健康效应。运动可以促进儿童基本动作技能的发展，强健身体各器官系统的功能。[12]

培养幼儿稳定的情绪，提高幼儿记忆力。神经科学领域的研究表明，运动对大脑的结构和功能产生积极作用。运动可增加人类海马体体积，提高海马体激活水平及血流灌注水平，增强海马体与其他脑区的功能连接，从而改善情绪，增强记忆。[13]

改善幼儿认知水平，提高幼儿学习能力。运动可以通过分子 — 细胞 — 系统水平改善认识，是诱导神经可塑性的有效方法。对于发育障碍幼儿，运动能够使其前额叶皮层、海马和纹状体中去甲肾上腺素、多巴胺和血清素水平升高，改善其执行功能，增强注意力，提高学习能力。幼儿进行的大肌肉运动、小肌肉运动、平衡协调运动、触觉运动、旋转运动、翻滚运动、爬行运动等有利于促进其大脑发育，丰富大脑神经网络，从而提高学习能力。

（三）运动的关键期

3—6 岁是幼儿基本动作形成的关键期，也是幼儿运动能力发展的重要时期。运动力并不是天生的,需要不断练习和巩固。幼儿期正是幼儿提升身体运动能力、探索身体体验、学习运动技能的关键期。这时候,有针对性的运动技能干预比自由活动更能促进幼儿运动力的发展。幼儿可以通过不断地联系与巩固,掌握运动技能,提高运动力,增强体适能。幼儿期还是幼儿协调性、灵敏性和平衡性发展的关键期。运动协调能力不仅体现为身体的发展,而且也是一种重要的智力表现。幼儿在运动中对神经系统的刺激,对大脑的发育有着积极的影响。灵敏性也可以理解为反应能力,是幼儿在运动时,快速移动身体进行活动的能力。平衡力是所有运动力中最基本的能力,幼儿必须要能够维持身体的平衡,才能完成一些动作。看似简单的跳、跑、踢、抛、接、转动等动作是幼儿未来运动能力和智力进一步正常发展的重要基础。[14]

(四)运动力训练意义

运动力训练不仅能够提高幼儿的体适能,还对幼儿脑部的发育、智力的发展起着重要作用。例如踢足球,看起来是个简单的动作,实际上需要大脑、小脑共同运作。踢球过程中大脑需要思考要往哪跑、如何接住球、接到球后要往哪踢、手脚如何配合、踢的角度和力度,跑步、踢球的整个过程小脑都需要保持平衡和协调性。因此,科学的运动力训练对幼儿的身体素质和脑部发育都有益处。

五、幼儿的注意力

注意力水平的高低决定了幼儿有意记忆的发展、细致观察的效率和思维活动及实践的持久性。注意在个体的成长发育中具有至关重要的作用,直接影响着个体的认知发展、智力发育、学习效果、社会适应性及人格发展。注意是心理活动对一定对象的指向和集中。从中,我们可以看出注意的两个基本特点:指向性与集中性。

(一)注意的特点

注意的指向性是指人在每一瞬间,他的心理活动或意识选择了某个对象,而忽略了另一些对象。例如,一个人在剧院里看戏,他的心理活动或意识选择了舞台上演员的台词、动作、表情、服饰,而忽略了剧场里的观众。对前者他记得牢,而对后者只能留下非常模糊的印象,甚至看完了戏,还不知他邻座的观众是一个什么样的人。因此,注意的指向性是指心理活动或意识在某个方向上进行活动。指向性不同,人们从外界接收到的信息也不同。

当心理活动或意识指向某个对象的时候,它们会在这个对象上集中起来,即全神贯注起来。这就是注意的集中性。例如,医生在做复杂的外科手术时,他的注意高度集中在病人的病患部位和自己的手术动作上,与手术无关的其他人和物,便被排除在他的意识中心之外。如果说,注意的指向性是指心理活动或意识朝向哪个对象,那么,集中性就是指心理活动或意识在一定方向上活动的强度或紧张度。心理活动或意识的强度越大,紧张度越高,注意也就越集中。

(二)注意的功能

信息选择。周围环境给人们提供了大量的刺激,这些刺激有的对人很重要,有的对人不那么重要,有的毫无意义,甚至会干扰当前正在进行的活动。人要正常地生活与工作,就必须选择重要的信息,排除无关刺激的干扰,这是注意的基本功能。注意对信息的选择受许多因素的影响,如刺激物的物理特性,人的需要、兴趣、情感、过去的知识经验等。

信息加工。在注意指向某个对象之前，或有意识地加工某种输入的信息之前（前注意阶段），某些不受意识控制的、自动化的信息加工就已开始了。但这些过程并不能取代注意在人的心理活动和行为中的重要地位。注意指向并集中于一定对象之后，会保持一定时间的延续，维持心理活动的持续进行。这时被选定的对象或信息居于意识的中心，非常清晰，人们容易对它做进一步的加工和处理。有人认为，人对外界输入信息的精细加工及整合作用都发生在注意状态下。在非注意状态下，人只能对事物的个别特征进行初步加工；在注意状态下，人才能对个别特征的信息进行精细加工并将其整合为一个完整的物体。近年来，我国学者通过研究发现，由多个维度特征（颜色、形状）组成的客体在工作记忆中以整合形式表征，即以完整的客体为单元进行储存，这一过程需要注意的参与。

（三）注意的关键期

注意力是可以通过后天的培养和训练提高的。4—6岁是幼儿注意力发展的关键期，提升幼儿的注意力是促进幼儿成长发育、社会性发展和人格健全的重要途径。幼儿前期有意注意已经萌芽，有意注意主要是由额叶控制的。而额叶是在幼儿期快速发展的，这也为有意注意的发展提供了条件。在成人的教育和引导下，幼儿的有意注意能够得到比较好的发展，不同年龄段会呈现不同的特点。其中，刚进入幼儿园的孩子的注意力以无意注意为主，稳定性差，一些新奇的刺激容易引起他们的注意。他们能够专注于自己喜欢的活动，但也极易被其他事物吸引。

（四）注意力训练的意义

注意力训练能够提高幼儿学习效率。幼儿期，孩子们逐渐步入学堂，他们需要有意识地学习并掌握一些知识。注意力训练能帮助幼儿在课堂上集中注意力、紧跟教师的步伐、专心习得知识，从而提高学习效率。

注意力训练能够增强幼儿的自信心。注意力训练能够帮助幼儿更好地学习知识，完成任务。在这个过程中，幼儿会获得满足感和成就感，以自信的状态面对接下来的学习和挑战。

注意力训练能够锻炼幼儿的毅力。在教师的科学指导下，幼儿的无意注意能逐渐稳定，对于自己感兴趣的事物，能够保持较长时间的注意。当幼儿专注于一件事情时，会慢慢变得耐心、沉稳，形成遇事不骄不躁的好品质。

六、幼儿心理游戏对关键心理能力的影响

我国于1996年颁布《幼儿园工作规程》，2001年颁布《幼儿园教育指导纲要（试行）》，2012年颁布《3—6岁儿童学习与发展指南》，这三个纲领性文件都强调了游戏在幼儿园教育中的重要性与必要性。其中《幼儿园工作规程》提出“幼儿园应当将游戏作为对幼儿进行全面发展教育的重要形式”；《幼儿园教育指导纲要（试行）》再一次强调了“以游戏为基本活动”的理念，同时指出幼儿园教育要保教并重，关注个别差异，促进每个幼儿富有个性地发展；《3—6岁儿童学习与发展指南》提出“要珍视游戏的独特价值”，要为幼儿“创造丰富的教育环境”。

三份纲领性文件引领与推动着学龄前儿童游戏研究的不断发展，众多学者

从心理学视角对游戏推动幼儿成长进行探究，认为幼儿游戏对幼儿心理健康发展以及关键心理能力培养起到重要作用。从认知角度看，游戏可以培养幼儿的观察力和注意力，同时游戏过程中幼儿会进行简单的记忆与推理判断；从情绪角度看，游戏能够帮助幼儿释放压抑情绪，缓解分离焦虑；从身体角度看，游戏能够锻炼幼儿的体力、灵活性与协调性，身体健康是心理健康的基石。在游戏中，幼儿的心理状态和心理特征可以自由地表现出来，游戏是进行心理训练的最佳途径。心理游戏相较于普通游戏更突出主题或规则中的心理要求，让幼儿在游戏中得到心理能力的训练，具有目的性、系统性和程序性。例如广东省佛山市某校开展了注意力游戏、团队协作游戏等心理游戏教育活动，证实了以心理游戏为活动载体，运用心理辅导的方式促进幼儿身心发展是幼儿心理健康教育的有效途径。幼儿心理游戏结合幼儿阶段心理特征，有针对性地促进幼儿关键心理能力的发展，是培养幼儿健康心理的有益教育形式。

参考文献：

[1] 单文顶，袁爱玲．环境如何影响幼儿发展：来自脑科学的证据 [J]. 早期教育，2016（02）：30-33.

[2] 洪德厚．3—14 岁儿童记忆发展的某些特点 [J]. 心理科学通讯，1984（02）：20-22+44+67.

[3] 边玉芳．刻意还是无意记忆更有效 —— 儿童无意记忆和有意记忆实验 [J]. 中小学心理健康教育，2013（20）：34-35.

[4] FLAVELL JOHN H. Congnitive development，subsequent edition [M].Upper Saddle River：Prentice Hall，1985.

[5] 袁宗金．回归与拯救 —— 儿童提问与早期教育 [D]. 南京：南京师范大

学,2006.

[6] 任可心.字源识字法促进幼儿思维发展的实证研究[D].重庆:西南大学,2013.

[7] 杨玉英.3—7岁儿童推理过程发展的初步研究[J].心理科学通讯,1983(01):30-38+66.

[8] 中华人民共和国教育部.幼儿园教育指导纲要(试行)[M].北京:北京师范大学出版社,2001.

[9] 袁祖英.家园共育下幼儿积极心理品质的培育[J].基础教育研究,2020(11):88-90.

[10] 同[8].

[11] 中国教育教学丛书编委会.基础教育理论研究论文精选(下)[C].北京:中央民族大学出版社,2005.

[12] 童梅玲.重视儿童早期发展中运动能力的发展与习惯的培养[J].中国儿童保健杂志,2022,30(06):581-584.

[13] 满晓霞,魏高峡.运动重塑大脑海马:来自神经科学的研究证据与发展展望[J].武汉体育学院学报,2021,55(04):74-81.

[14] 桂东轩.粗大动作发展课程干预对6岁儿童智力发展水平的影响研究[D].南昌:华东交通大学,2023.

第三章

幼儿记忆力游戏

学龄前儿童即将步入学校学习,这时候需要记忆大量的内容。但是在生活中,你会发现幼儿一堂课能学会一首儿歌或一个故事,但如果不复习很快就忘了,或者他们只能记住其中的关键点。此外,当你让他们背诵时,你会发现他们只是单纯的机械记忆。

这是由于学龄前儿童在记忆上存在以下特点:一,记得少、忘得快。儿童记忆的范围和记忆保持的时间,是随着年龄增长而扩大和延长的。二,记忆缺乏目的性。学龄前的儿童只对形象鲜明、引起其兴趣的事物或引起其强烈情绪体验的事物记忆较深刻。要求学龄前的儿童专门进行有目的的训练是困难的。三,记忆方法呆板。成人的记忆一般是通过对要记忆事物的理解,找出事物的主要特征和内在的联系,抛弃事物的非主要部分,进行意义的识记。而儿童由于受知识和经验的限制,面对事物时不会抓住事物的主要特征和内在联系,较多地对事物进行机械识记。四,记忆不精确。儿童记忆的精确性也随着年龄的增长而提高。大多儿童表现为记忆不完整、相互混淆、歪曲事实和易受暗示等。

一、如何进行记忆力训练

如前文所述,记忆是人脑对经验过的事物的识记、保持、再现或再认和重现客观事物所反映的内容和经验的能力,是对信息的选择、编码、储存和提取过程。它是进行思维、想象等高级心理活动的基础。记忆的编码和提取记忆的过程是信息加工和整合的重要阶段。

（一）编码能力训练

编码能力是能够通过主观的积极创造，在记忆的刺激之间建立联结的能力。编码能力与组块联结密切相关，具体是指幼儿对项目与项目、项目与背景等事物之间关系的记忆能力。

联想学习范式具体指被试在限定的时间内接受成对刺激的呈现，被试需要记忆呈现过的刺激对，也就是被试须对实物图形与几何图形建立某种联系。测验阶段中，被试面前会出现一个刺激（实物图片）以及四个备选答案（几何图形），被试需要在规定时间内从四个几何图形的备选答案中找出与之前呈现过的实物图片相配对的几何图形。即时再认的配对联想学习，学完后，被试将立即开始联想学习能力的测试；而延时再认的配对联想学习，被试要于学习结束后半小时才开始测试。配对联想学习的重点是建立两个刺激间的联系，并以此来考察被试联想学习的记忆能力，而这种联想学习记忆更接近个体日常的学习过程。

（二）提取能力训练

提取能力是指根据信息的意义、系统等来搜寻记忆，使记忆痕迹活跃起来的能力。提取能力与线索提取有密切的关系。线索提取是指通过对已有知识建立联系，在回忆一个特定的记忆时可将其作为可利用的刺激。线索可以是较为直接的言语、情境、气味、音乐等。

提取练习效应范式是给被试随机呈现“线索 — 目标”词对。线索词和目标词分别在计算机屏幕中间的方框中呈现，线索词在左边，目标词在右边，中间用“—”连接，每个词对呈现时间为 3 秒。[1] 词对中间的“—”上方会显示一个空白框，要求被试输入一个能够帮助他们联系线索词和目标词的词语，并为被试给出样例，例如“母亲 — 孩子”词对，可以输入“父亲”这个词。在完成所有学习阶段的任务后，被试进行最终测试。

本书根据联想学习范式，设计七种训练，以发展幼儿的编码能力；根据提取练习效应范式，设计五种训练，以有针对性地发展幼儿的提取能力。

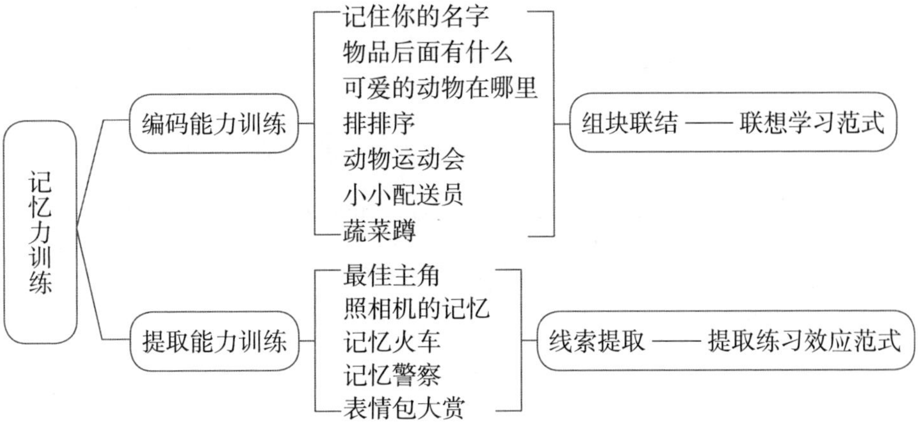

二、我们怎么玩

游戏 1 记住你的名字

游戏目的

本游戏改编自联想学习范式。幼儿在游戏过程中需要将同学的名字和他们喜欢的事物联系在一起，形成词语组块。幼儿在联系两者的过程中，可以有效锻炼组块联结能力，从而有助于记忆力的提高。

适用对象与游戏方式

中班及以上，集体教学。

游戏准备

可活动的大教室一间。

游戏流程

1. 每4名幼儿为一组轮流上前向大家进行自我介绍。幼儿在介绍过程中需要说出自己的名字与自己喜欢的物品。如："我叫张好，我喜欢吃蛋糕。"

2. 每组同学介绍完之后，由教师随机在4名自我介绍的幼儿中指出1名，其他幼儿需要抢答，说出被指幼儿的名字及其喜欢的事物。

注意事项

1. 幼儿名字所关联的事物需要是一个具体的东西，不能是抽象的故事。

2. 幼儿所联系的物品之间不要重复。

心理小知识

什么是形象记忆

形象记忆又称"表象记忆"，是记忆的一种形式，是以感知过的事物形象为内容的记忆，如对日常生活中的人物面貌、自然景色、音乐、绘画等各种形象的记忆，以及直接对客观事物的形状、大小、体积、颜色、声音、气味、味道、软硬和温度等具体形象或外貌的记忆。

游戏2 物品后面有什么

游戏目的

本游戏改编自联想学习范式。本游戏需要幼儿在教师的暗示下，意识到两个刺激物品之间存在关系，进而通过建立物品之间的联系来加深记忆。幼儿在刺激对的帮助下，可以有效训练记忆中的编码过程，提高记忆力。

适用对象与游戏方式

大班，集体教学。

游戏准备

多媒体教室一间，若干张实物照片。

游戏流程

1. 教师介绍：有间屋子里的小朋友分别把5个不同的物品（如糖果）藏在另外5个物品（如书本）的背后。

2. 教师首先在黑板上摆放目标物品的图片（如书本），并引导幼儿回答目标物体的名字。

3. 教师接着呈现目标物品所配对物品的图片（如糖果），告诉幼儿目标物品背后藏着配对物品（如书本后面藏着糖果）。

4. 教师隐藏配对物品，让幼儿确认目标物品背后的配对物品。

5. 教师呈现下一组配对物品。

6. 教师呈现完五组配对物品后，随机向幼儿呈现其中的目标物品，让幼儿在待选选项中选出正确的配对物品。

注意事项

1. 图形材料在准备过程中需要统一大小规格。

2. 幼儿在回答后，教师不能直接对其正误进行判断，应逐步引导。

心理小知识

什么是配对能力

配对能力是认知学习的基础发展能力，无论是在学习颜色、形状，还是对比概念时，配对均被作为首要发展阶段。配对能力是察觉两种物件或物种概念之间“相同”的能力，即运用视觉、触觉、听觉、味觉和嗅觉等来辨识对象，将相同的对象放到同一地方。

游戏3 可爱的动物在哪里

游戏目的

本游戏改编自联想学习范式。本游戏同时锻炼幼儿的视觉记忆和听觉记忆。幼儿首先需要根据耳朵听到的内容识别出不同动物的叫声，在成功识别后需要建立动物与场景之间的联系。幼儿在记忆具体动物与场景之间联系的过程中，锻炼组块联结能力，训练记忆中的编码过程。

适用对象与游戏方式

中班及以上，集体教学。

游戏准备

多媒体教室一间，若干场景照片，若干动物照片和动物叫声音频。

游戏流程

1. 教师播放动物的叫声，让幼儿回答该动物是什么。

2. 幼儿答对后，呈现动物藏于一个场景的照片，例如青蛙藏在田野，但露出一条腿。

3. 连续呈现五组“声音 — 动物 — 场景”。

4. 呈现完毕后，教师提问，让幼儿回答刚刚出现的小动物躲在哪里。

注意事项

1. 幼儿在回答问题的过程中，教师可以询问幼儿联系动物跟地点的方式。

2. 教师根据幼儿的实际情况，通过调整连续呈现的组数来调整难度。

心理小知识

记忆妙招 —— 视听结合

视听结合可以增强记忆力，当多种感官齐发的时候，大脑受刺激的效果会显著增强，记忆中枢能获得更充分的调动。因此，我们可以同时利用语言功能和视、听觉器官的功能来强化记忆，提高记忆效率。这种方式比单一默读的效果好得多。

游戏4 排排序

游戏目的

本游戏改编自联想学习范式。本游戏通过向幼儿先后呈现不同的物品，再让幼儿根据顺序进行回忆和再认，从而提高幼儿的记忆能力。

适用对象与游戏方式

中班及以上，集体教学。

游戏准备

可活动的大教室一间，实物若干。

游戏流程

1. 教师首先将 5 样东西按照先后次序摆放到桌子上。
2. 一组摆放结束后，让幼儿记忆 30 秒。
3. 教师让幼儿转过身去，并依次报出桌上物品的名称。

注意事项

1. 一次游戏不少于 5 件物品，教师可按照难度对物品数进行调整。
2. 教师每次摆放好后跟幼儿确认物品的名称。

心理小知识

什么是程序性记忆

程序性记忆是一种惯性记忆，也是非陈述性记忆，是对具有先后顺序的活动的记忆，具体指如何做事情的记忆，包括对知觉技能、认知技能、运动技能的记忆。程序性记忆与如何做某事或刺激和反应之间联系的知识有关。

游戏5 动物运动会

游戏目的

本游戏改编自联想学习范式，需要幼儿记忆动物身上对应的号码牌，可以通过联想来构建动物与数字之间的关系。在游戏的过程中，幼儿需要寻找动物与数字之间的关系，从而锻炼组块联结能力，提升记忆力。

适用对象与游戏方式

中班及以上，集体教学。

游戏准备

可活动的大教室一间，若干个动物玩偶或者图片，若干个号码牌。

游戏流程

1. 教师依次随机展现参加运动会的小动物。

2. 小动物身上贴着带有数字的号码牌。

3. 幼儿对“数字 — 动物”进行记忆 30 秒。

4. 教师拿走动物身上的号码牌并打乱动物和号码牌的顺序，让幼儿把号码和动物进行重新对应。

5. 教师邀请幼儿分享记忆的方法，并引导幼儿总结记忆的方法。

注意事项

1. 动物的号码牌统一为一位数字，教师根据幼儿的实际情况进行调整。

2. 每组分享后，教师可以问问其他幼儿，有没有其他的记忆方式。

心理小知识

什么是数字记忆

数字记忆在我们生活中占有相当大的比重，诸如历史年代、土地面积、商品价格、科学数据、电话号码、会计数据、统计数据、股票信息以及法律条文中对不同的犯罪行为所处以的不等刑期等。提高对于数字的记忆能力对幼儿的生活有较大的帮助。

游戏 6 小小配送员

游戏目的

本游戏改编自联想学习范式，需要幼儿构建地点与物品之间的联系，幼儿可以发挥想象根据任意故事或者顺序来进行记忆。在游戏过程中，鼓励幼儿探索多样的联想和记忆方式，构建物体之间的联系，从而锻炼编码能力，提升记忆力。

适用对象与游戏方式

中班及以上，集体教学。

游戏准备

可活动的大教室一间，黑板，粉笔，白纸，彩笔，多种物品的照片。

游戏流程

1. 教师提前一天给幼儿布置任务，让幼儿观察幼儿园周围的建筑物。

2. 教师跟幼儿一起在黑板上画出幼儿园周围的建筑物，如居民楼、医院等。

3. 教师在讲台上根据“地点 + 物品”的形式一次性报 10 个超市的订单，例如医院需要配送牛奶。

4. 每 5 名幼儿一组，根据教师报的订单在白纸上用彩笔画出顾客指定的物品，如薯片、牛奶等。

5. 完成得又快又准的小组为第一名。

6. 教师邀请幼儿分享自己记忆地点与物品之间联系的方法，并为其进行总结。

注意事项

1. 幼儿可以按照自己的想法构建地点与物品之间的联系。

2. 教师根据幼儿的反应，通过改变一次性布置的订单数量来控制游戏的难度。

心理小知识

什么是空间记忆

空间记忆是用于表征外界环境地理位置或者方向的一种记忆，比如：出租车司机对于城市道路的记忆；大鼠在迷宫中找食物，对迷宫各个位置的记忆。有报告表明，空间记忆与海马以及内侧内嗅皮层相关，并且研究者在海马中找到了对应的位置细胞。

游戏7 蔬菜蹲

游戏目的

本游戏改编自联想学习范式，需要幼儿在自己与特定的蔬菜，以及其他同学与特定的蔬菜之间建立联系，并且在记忆的过程中，通过自己的想象力创造出多种联系的方式。在游戏中，幼儿可以锻炼组块联结能力，进而提高记忆力。

适用对象与游戏方式

中班及以上，集体教学。

游戏准备

可活动的大教室一间，若干印有蔬菜图案和名字的卡片，双面胶。

游戏流程

1. 6—8名幼儿为一组，教师说出几个蔬菜的名字，如茄子、西红柿、大白菜等，让幼儿进行自由选择。

2. 幼儿选择完毕后，将印有自己选定的蔬菜图案和名字的卡片贴在自己身上。

3. 由一个幼儿开始，轮到的幼儿要做坐下、起立的动作，喊出属于自己的蔬菜名字，如“胡萝卜蹲，胡萝卜蹲”，并指定下一名幼儿，如“胡萝卜蹲完，茄子蹲”。

注意事项

1. 轮到的幼儿要在5秒内做出反应，没有轮到的幼儿不能做出反应，否则即被淘汰。

2. 教师注意幼儿之间有没有发生争执，注意安抚幼儿的情绪。

心理小知识

什么是瞬时记忆

瞬时记忆通常只有几秒，取决于我们对注意力的控制，注意力越集中，瞬时记忆保留的时间越长。瞬时记忆的作用类似于计算机中的寄存器，是知觉待处理的记忆，是我们思考的要素和意识的核心。

游戏8 最佳主角

游戏目的

本游戏改编自提取练习效应范式。本游戏中幼儿在听了故事之后需要进行记忆和复述，构建自己的记忆线索，最后依据自己的线索来提取记忆。幼儿在根据自己的理解记忆故事的过程中，训练线索提取能力，从而提高记忆力。

适用对象与游戏方式

中班及以上，集体教学。

游戏准备

可活动的大教室一间，简短的小故事几则，白纸若干，彩笔若干。

游戏流程

1. 教师向幼儿讲一小段故事，并提前告知幼儿需要进行记忆。

2. 教师在讲完后，幼儿进行 10 秒钟的回忆整理，尝试着进行复述。

3. 幼儿成功复述后，进入下一小段故事。

4. 当复述完整个故事后，幼儿以角色数量分为小组，以小组形式尝试对故事进行角色表演。

注意事项

1. 教师提示幼儿可以通过画图来帮助自己进行记忆。

2. 在复述的过程中，可以通过教师说一句，幼儿答一句这样一问一答的方式提升幼儿的兴趣。

3. 幼儿在表演过程中，教师可以参与其中，帮助幼儿完成表演。

心理小知识

保持记忆——精加工策略

作为促进陈述性知识学习的策略，精加工策略一般指对记忆的材料补充细节、举出例子、做出推论，或使之与其他观念形成联想，以达到长期保持记忆的目的。精加工策略相当于给知识再贴一个属于自己的标签，常见的手段有编码、编口诀、赋予新意、跟旧知识建立某种逻辑关系等。

游戏 9　照相机的记忆

游戏目的

本游戏改编自提取练习效应范式，需要幼儿将一些物品按照已有的知识经验构成联想，形成自己的知识体系。在游戏过程中，幼儿能锻炼线索提取能力，从而提高记忆力。

适用对象与游戏方式

中班及以上，集体教学。

游戏准备

可活动的大教室一间，物品若干。

游戏流程

1. 教师在桌面上摆放几个物品，幼儿进行观察。

2. 幼儿闭上眼睛，教师通过提问的方式引导幼儿回忆刚才桌面上有哪些物品和一些细节信息。

3. 教师调整物品的数量和种类，进行多轮游戏。

4. 游戏进行过程中，教师提示幼儿可以通过挖掘物品的使用场景等方式来帮助记忆（如教师在放置牙刷、杯子时，提示这两样东西可以构成刷牙的场景）。

5. 累计答对 5 次的幼儿，获得“照相机的记忆”奖状。

注意事项

1. 多轮游戏的物品数量应由少增多，难度逐渐增加。

2. 教师尽量选择在相同场景中使用的物品，方便幼儿进行记忆加工。

心理小知识

什么是视觉记忆力

视觉记忆力是指对来自视觉通道的信息输入、编码、存储和提取，即个体对视觉经验的识记、保持和再现的能力。比如孩子上周在公园看见一条狗，过几天你拿出这条狗的图片，他可能会立刻认出这条狗是上周他在公园里看见过的。视觉记忆力对孩子的思维、理解都有极大的帮助。如果一个孩子视觉记忆力不佳，会极大地影响他的学习效果。

游戏10 记忆火车

游戏目的

本游戏改编自提取练习效应范式，幼儿需要根据场景在自己和他人所说的事物之间构建帮助记忆的线索，从而锻炼线索提取能力，提高记忆力。

适用对象与游戏方式

中班及以上，集体教学。

游戏准备

可活动的大教室一间。

游戏流程

1. 教师首先设定记忆的主题,如准备去度假。

2. 10 名幼儿为一组,第一名幼儿说出“要干的事情 + 要带的东西”,如“要度假,带上毛巾”。

3. 第二名幼儿不仅要重复第一名幼儿的话,还要再增加自己的物品,直到有一名幼儿不能正确复述为止。

注意事项

1. 教师可以通过改变游戏的主题进行多轮游戏。

2. 如果有幼儿在 20 秒内不能回答出来,视为失败。

心理小知识

什么是听觉记忆力

听觉记忆力指能够对听到的口语信息进行加工处理,将听到的内容储存在大脑中,并能够回忆出听到了什么的能力,包括注意、倾听、处理、储存、回忆等技能。听觉记忆力是孩子在学习语言过程中必须具备的能力。例如家庭生活场景对话、聆听故事、理解社交游戏规则、上课听讲等都需要有良好的听觉记忆力。

游戏11 记忆警察

游戏目的

本游戏改编自提取练习效应范式，幼儿需要记忆事物变化前后的特点，通过对比来发现具体某个部分的缺失。在游戏中，幼儿可根据教师的提示建立一个锚定点来提取线索。

适用对象与游戏方式

中班及以上，集体教学。

游戏准备

可活动的大教室一间，物品若干，玩偶若干。

游戏流程

1. 教师先让幼儿观察桌面上几样物品的摆放位置，用一个玩偶扮演“小偷”。
2. 幼儿扮演“警察”，闭上眼睛。
3. 扮演“小偷”的玩偶拿走物品。
4. 扮演“警察”的幼儿需要指出被拿走的物品。
5. 教师邀请幼儿分享记忆的方法。

注意事项

1. 教师可以启发幼儿在记忆的过程中通过观察物品旁边固定的一些东西

来帮助记忆。

2. 教师在幼儿猜错之后，要注意安抚幼儿的情绪。

心理小知识

保存记忆——锚点技术

锚点指为了控制新信息因漂移而从记忆中消退，将长时记忆中的某个旧信息作为固定点，以使新信息与固定点之间建立起联系，最终使信息在长时记忆中得到长期有效的保存。

游戏12 表情包大赏

游戏目的

本游戏改编自提取练习效应范式，幼儿根据线索来记忆图片中的动作，并对动作进行重现。在游戏过程中，幼儿能同时锻炼记忆的线索提取能力和肢体的模仿能力。

适用对象与游戏方式

中班及以上，集体教学。

游戏准备

多媒体教室一间，各种表情包图片，照相机。

游戏流程

1. 教师先让幼儿观察 2 张表情包图片,时间为 10 秒。

2. 时间到了之后,教师隐藏图片,随机询问图片中的其中一个表情包是什么动作。

3. 几名幼儿上前表演,待幼儿们的动作固定后呈现表情包原图。

4. 为了让幼儿发现自己与原图的不同之处,教师可进行拍照,让幼儿们进行观察比较。

注意事项

1. 选择的图片最好有数字、颜色、形状、字母、汉字等元素,便于幼儿抓住记忆重点。

2. 幼儿观察的时间不要太长,根据幼儿的能力和图片的复杂程度,控制在 10—20 秒。

心理小知识

什么是动作记忆

动作记忆是以个体过去经历过的身体运动状态或动作为内容的记忆。例如:一个人小时候学会了游泳,长大后多年不游,也能较快地记起,这是过去习得的运动技能得以保持的结果。动作一旦掌握并达到一定的熟练程度,会保持相当长的时间,这是动作记忆显著的特征之一。

三、拓展训练

游戏设计一

请根据联想学习范式，围绕其心理学原理，设计一个记忆力主题游戏，并填写下表。

游戏名称	
游戏目的	
适用对象与游戏方式	
游戏准备	
游戏流程	
注意事项	

游戏设计二

请根据提取练习效应范式，围绕其心理学原理，设计一个记忆力主题游戏，并填写下表。

游戏名称	
游戏目的	
适用对象与游戏方式	
游戏准备	
游戏流程	
注意事项	

参考文献：

[1] 马小凤，张号博，姚歆怡等．线索强度对提取练习效应的影响机制：来自 ERP 的证据 [J]. 心理科学，2022，45（05）：1106-1114.

第四章

幼儿情绪力游戏

生活中，父母教育幼儿时是否遇到过以下类似的状况？一位父亲在公司受到了老板的批评，回到家就把在沙发上跳来跳去的幼儿臭骂了一顿。幼儿心里窝火，一脚踢走了正在熟睡的猫。猫惊慌失措逃到街上，卡车迎面开来，司机紧急避让，却把路边的幼儿撞伤了。这就是心理学上著名的“踢猫效应”。是不是有种熟悉的感觉？家长在发脾气的时候，是否有关注过幼儿的情绪表现呢？

研究表明，幼儿时期的情绪体验会在个体大脑中形成永久的神经联结，从而影响幼儿成年后的身心发展。[1] 可见，在幼儿时期实施良好的情绪教育十分有必要。同时，幼儿正处于情绪识别能力发展的关键期，正确的情绪引导显得更为重要。

一、如何进行情绪力训练

如前文所述，情绪力即对情绪的掌控能力，情绪的掌控能力即能够体察自己以及他人的情绪、合理地表达自己情绪的能力，以及对情绪的掌握能力等，这些都属于幼儿情绪管理能力的范畴。幼儿通过对情绪的自我觉察、自我调控和自我激励，情绪力得以不断地发展。

《3—6 岁儿童学习与发展指南》指出，幼儿应当学会保持安定愉快的情绪，包括识别基本的情绪、倾诉自己的情绪以及初步控制自己的情绪。本书将幼儿情绪力训练分为“识别情绪”和“提取情绪”两大主题。

（一）情绪识别能力训练

识别情绪是指幼儿能够识别自己的情绪以及在社交中识别他人情绪。幼儿需要有意识去识别“这样的感受是愤怒，这样的感受是悲伤……”。

耶鲁大学情感智力项目研发的“Mood Meter 情绪测量表”正是一套可以帮助幼儿更加了解自己的感觉和情绪的直观简便的工具。基于小班幼儿的情绪认知水平，它设置四个颜色象限，每种颜色代表一种情绪：红 = 生气；黄 = 快乐；蓝 = 悲伤；绿 = 平静。幼儿可以将自己的画像贴在相应的颜色象限内，标识出自己的情绪状态。[2]

通过发展幼儿的情绪具象化能力，幼儿可以觉察到情绪的具体形态。具象化能力实际是想象力的一种。比如，个体能在眼前虚拟出一个物体的总体形貌或者局部细节的清晰影像，包括表面形貌、色泽、气味。细节影像就像一束光照射在物体上，焦距内清晰，焦距外色彩略暗淡。

（二）情绪提取能力训练

提取情绪是指幼儿能够表述自己的情绪并且初步缓解自己的负面情绪。横向和纵向研究均发现儿童的情绪表达策略水平随年龄增长不断提升[3]，而4—6 岁正是儿童情绪表达能力高速发展的时期[4]。情绪表达能力发展较好的儿童对他人心理状态的理解更准确，在同伴中地位更高。其影响因素主要有年龄、情境、人际背景和性别等。[5]

任务转换范式是从一项认知任务转换到另一项认知任务的活动范式，即在两个或两个以上的简单认知任务之间进行转换。而随意注意转移指的是有预定目的、需要一定意志努力的注意指向。例如，当你在看他人回答问题的时候，突然发现其中有你需要的信息，这个时候你就加强了注意，把注意转移指向你感兴趣的内容上。教师可通过对先前任务的准备、维持、分离并向新任务转变，来训练幼儿的情绪随意注意转移。

本书根据四象限法则，设计五个训练以帮助幼儿具象化自己的情绪；根据随意注意转移——任务转换范式，设计三个训练以帮助幼儿缓解自身负面情绪。

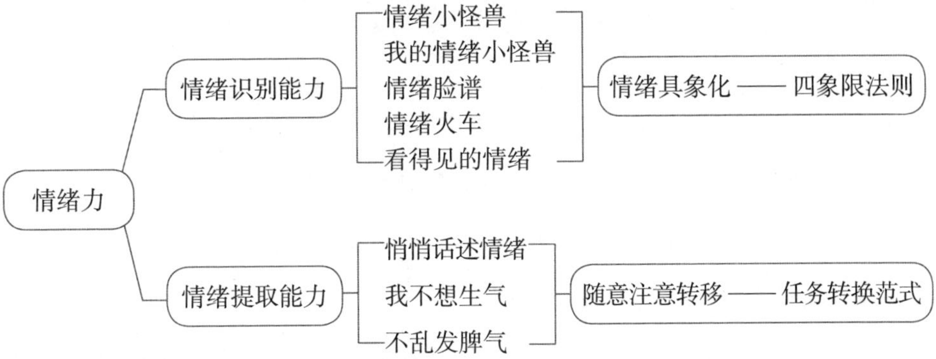

二、我们怎么玩

游戏1 情绪小怪兽[6]

游戏目的

本游戏改编自四象限法则，用绘本《我的情绪小怪兽》作为材料，从认识情绪入手，在认识情绪的基础上引导幼儿了解缓解不良情绪的方法。将情绪具体化，从而让幼儿更好地感受自己的情绪。

适用对象与游戏方式

中班及以上，集体教学。

游戏准备

多媒体教室一间，动画电影《头脑特工队》视频片段，绘本《我的情绪小怪兽》，情景卡，白纸，彩笔。

游戏流程

1. 视频导入，知道什么是情绪。

师：什么是情绪？

教师播放动画电影《头脑特工队》中介绍情绪的片段。

师：通过这个视频你了解了哪些情绪？

根据幼儿的回答出示情绪卡。

小结：情绪包括开心、生气、悲伤、害怕等。身体动作上的表现越强就说明情绪越强。不同的情绪在身体动作上有不同的反应。比如，当我们高兴的时候会手舞足蹈，生气的时候会乱发脾气，甚至是扔东西。

2. 幼儿操作，完成情绪卡。

师：这张卡片上就有我们刚才说到的情绪，你觉得每种情绪可以用什么颜色来代表呢？

师：请你在不同情绪下面涂上你觉得可以代表它的颜色。

幼儿操作、分享。

师：谁愿意分享一下自己的情绪卡，说一说涂每种颜色的理由？

小结：其实我们每个人都会有这些情绪，出现这些情绪都是正常的。我们每个人的心里都住着一个情绪小怪兽，这个小怪兽会根据心情的不同变换颜色。

3. 讲述绘本《我的情绪小怪兽》重点画面，幼儿欣赏。

教师出示黄、蓝、红、黑四种颜色的情绪卡。

师：小怪兽的情绪分成了哪几种？这四种颜色分别代表什么情绪？

小结：情绪小怪兽把自己分成了开心、悲伤、生气、害怕这四种情绪。黄色代表快乐，它会像太阳一样发光；蓝色代表忧伤，它温和而轻柔，像雾蒙蒙的下雨天；红色代表生气，一旦爆发就会燃起一团红色的火焰；黑色代表害怕，它总是躲在黑暗的角落里。

注意事项

1. 营造平等、轻松、支持的心理环境。

2. 通过观看视频、欣赏图片、实践操作等，让幼儿了解生活中经常表现出的四种情绪。

心理小知识

什么是情绪

广义上来说，情绪主要是人们对于一些客观事物的态度以及相应的一系列行为反应。一般认为，情绪作为一种内部的主观体验，是反映个体愿望、需求的一种心理活动。但情绪在发生时，又总是伴随着一系列的外部表现，例如表情、姿态、语言等。由于情绪范围广泛、定义复杂、与情绪相关的器官与机能复杂，目前对情绪的分类还尚未统一。但人们普遍认为基本情绪主要包括喜、怒、哀、乐、惧。

游戏2 我的情绪小怪兽

游戏目的

本游戏改编自四象限法则，用绘本《我的情绪小怪兽》作为材料，抓住幼儿的认知特点，训练幼儿将抽象的、看不见的情绪转化为可以看见和感受到的视觉体验。把抽象的情绪概念变换为呆萌可爱的情绪小怪兽，告诉幼儿什么是快乐、忧伤、愤怒……让幼儿更好地理解自己和他人的感受，学会有效地调节和管理自己的情绪，学会与他人交流，从而促进情绪力发展。

适用对象与游戏方式

中班及以上，集体教学。

游戏准备

多媒体教室一间，绘本《我的情绪小怪兽》，“情绪小怪兽”KT板，课件，A4纸若干，胶带若干，彩笔，音乐。

游戏流程

1. 教师出示“情绪小怪兽”KT板，引出主题，开启关于情绪小怪兽的奇妙旅程。

2. 教师出示课件，结合音乐让幼儿分别体验快乐、忧伤、愤怒、害怕、平静。

快乐——课件出示图片，播放音乐，观察小怪兽的颜色和表情。

讨论：我们感到快乐的时候会做些什么呢？（大笑）

忧伤——课件出示图片，播放音乐，观察小怪兽的颜色和表情。

讨论：我们感到忧伤的时候会做些什么呢？（与他人倾诉、哭泣）

愤怒——课件出示图片，播放音乐，观察小怪兽的颜色和表情。

讨论：我们感到愤怒的时候会做些什么呢？（怒吼）

害怕——课件出示图片，播放音乐，观察小怪兽的颜色和表情。

讨论：我们感到害怕的时候会做些什么呢？（找亲人帮忙）

平静——课件出示图片，播放音乐，观察小怪兽的颜色和表情。

讨论：我们感到平静的时候会做些什么呢？（安静独处）

3. “小怪兽变身”。让幼儿制作自己的情绪小怪兽头饰，体验情绪。根据音乐和口令，拿到对应的情绪小怪兽头饰并佩戴好。

注意事项

1. 引导幼儿在表现自己情绪的时候要大胆。

2. 要充分调动幼儿的注意力去感受情绪。

心理小知识

什么是负面情绪

心理学上把沮丧、愤怒、焦虑、痛苦、紧张、悲伤等情绪统称为负性情绪，亦称为负面情绪。此类情绪给人的体验往往是不积极的，会使人在身体以及精神上产生不适感，甚至有可能会影响人今后生活的顺利进行。负面情绪中，愤怒对人产生的消极影响是最为严重的。从认知语言学的角度出发，愤怒在所有的情绪概念中是被研究得最多的。幼儿的情绪表达往往是直接的，这会使幼儿极易处于一种激情的情绪状态，而幼儿也容易在这种状态下超越愤怒的适应功能，从而对身体造成一定的伤害。不仅如此，相对于其他负面情绪，愤怒的情绪表达也是最容易被察觉到的。

游戏3 情绪脸谱

游戏目的

本游戏改编自四象限法则，通过情绪脸谱让幼儿了解情绪的重要性。幼儿了解到引发自己情绪的起因，会慢慢变得更加细腻敏感，也能快速觉察到其他人的情绪波动；幼儿的情绪得到允许，也会令其学会包容其他人的负面情绪，而且也不会轻易受到他人情绪的影响。

适用对象与游戏方式

中班及以上，集体教学。

游戏准备

多媒体教室一间，情绪词汇卡片，表情贴（也可以自己画表情），A4纸，彩笔。

游戏流程

1. 认识情绪词汇：把幼儿已经认识的正向和负向情绪词汇做成情绪词汇小卡片，并混合在一起，让幼儿在混合的卡片中分别挑拣出正负向情绪词汇进行分类。

2. 分享：让幼儿说一说经历与感受，也可以让他们通过表情和动作按照自己的理解表达出来。

3. 情绪脸谱：让幼儿制作属于自己的情绪脸谱。让幼儿根据自己今天的心情，把快乐、伤心、害怕、生气画出来，贴到自己的专属区域中，并与其他幼儿分享自己与这个表情相关的事件。

注意事项

1. 在做情绪词汇卡片时，准备一些相近的词汇，如喜悦、高兴、兴奋、羡慕、嫉妒等。

2. 安静地倾听幼儿的分享。

心理小知识

什么是情绪智力

情绪智力简称“情商”，相关的概念最早是由美国耶鲁大学的萨罗威（Salovey）和新罕布什尔大学的玛伊尔（Mayer）提出的，主要是指个体监控自己以及他人的一系列情绪以及情感，通过识别并利用这些信息来指导自己的思想以及行为表达。情绪智力结构主要包含了对情绪表达能力、调节能力以及运用能力的评估。1997 年，学者们进一步对情绪智力的相关概念进行修订，将其定义为知觉、评估和表达情绪的能力，情绪促进思维的能力，理解、分析和运用情绪的能力，调节和促进情绪的能力。在此基础上，进一步通过情绪智力能力模型来进行情绪信息的辨别，从而以此为基础进一步做出抽象推理。

游戏4 情绪火车

游戏目的

本游戏改编自四象限法则，让幼儿通过辨别开心、生气和伤心的情绪，能够将自己的情绪准确表达出来。幼儿需要简单说明情绪产生的原因，愿意表达自己的情绪，将自己抽象的情绪具象化表达出来，从而更好地锻炼情绪力。

适用对象与游戏方式

中班及以上，集体教学。

游戏准备

多媒体教室一间，幼儿表情照片，情绪火车图片，案例视频，表达不同情绪的音乐。

游戏流程

1. 导入。

认识情绪火车，让幼儿数数有几节车厢。

2. 幼儿讲述。

看自己的表情照片，进行分享讲述。说说照片里的表情和产生这种表情的原因，并学一学照片中的表情。

3. 出示情绪火车，根据不同情绪火车把表情照片进行分类摆放。

4. 提问：这些表情里面你最喜欢哪种？（小朋友都喜欢开心的表情，我们自己开心了，别人看着心情也会变得很好。）

5. 播放案例视频，提问：视频中的小朋友怎么了？他的表情是怎样的？有什么方法可以让小朋友露出开心的表情呢？

6. 游戏结尾“表情秀”：幼儿听音乐自主做动作，当音乐停止时做出相应表情，重复进行游戏几次。

注意事项

鼓励幼儿大胆表达自己的情绪。

心理小知识

幼儿的情绪观点采择

情绪观点采择任务主要测查儿童对特定情境信息与情绪之间联系的理解水平。崔艳丽等人考察了幼儿心理理论和情绪理解的发展状况，结果发现，作为情绪理解的一个方面，情绪观点采择能力随年龄的增长而提高；[7] 姚端维等人在研究中通过向幼儿讲述情境故事，要求幼儿根据情境信息判断故事主人公的情绪状态来考察幼儿的情绪观点采择能力，其研究结果表明，3—5 岁是幼儿情绪观点采择能力发展的一个关键时期；[8] 陆小庆研究采用小故事来考察幼儿对高兴、生气、难过和害怕的情绪观点采择，结果发现幼儿的情绪观点采择总体上存在显著的年龄差异，性别差异不显著。[9]

游戏5 看得见的情绪

游戏目的

在日常生活中，幼儿有时候会出现情绪不稳定、不能够及时进行自我调节的情况。本游戏改编自四象限法则，让幼儿通过辨别几种常见的面部表情去感知、判断人的良好与不良情绪，帮助幼儿明白良好的情绪使人健康，初步学会调整自己的不良情绪。在观察、感知、辨认、判断活动中，幼儿能提高观察力、情绪识别力，将情绪具体化，使自己经常保持愉快的情绪。

适用对象与游戏方式

中班及以上，集体教学。

游戏准备

多媒体教室一间，6个表情面具（大笑、微笑、生气、哭泣、愤怒、害怕），脸谱转盘，音乐《幸福拍手歌》。

游戏流程

1. 谜语导入。

师：现在老师给你们猜一个谜语“人人身上一大宝，既会哭来又会笑。生起气来眉上翘，高兴起来哈哈笑”。你们知道是什么吗？（脸）

2. 情绪大变脸——辨别面部表情。

师：你们见过哪些面部表情？（启发幼儿联系自己的生活经验，并根据幼儿的回答出示相应的表情面具。）

师：为什么会出现这些不同的面部表情？

3. “变脸”游戏。

（1）集体游戏：教师出示表情面具，幼儿做相应的表情。

（2）同伴游戏：你说我来做。

4. 玩“脸谱转盘”，巩固对情绪的理解。

每次请一名幼儿来玩转盘，转动指针，指针指到哪一个脸谱，这名幼儿就试着做出这个脸谱的表情，判断出情绪大类（良好的还是不良的情绪），并说说自己对这种情绪的感受。

5. 拍手歌。

师：让我们随着《幸福拍手歌》的欢快旋律唱起来、跳起来。让我们时刻都能像现在一样高兴、快乐，保持一份好心情。

注意事项

让幼儿积极参与到活动中，对表情的具象化有清晰的认识。

心理小知识

基于信念的情绪理解

基于信念的情绪理解指个体对于情境与自己或他人所持信念是否一致时所产生情绪的理解。哈里斯（Harris）和约翰逊（Johnson）等人最早在错误信念理解实验中考察了儿童对基于信念的情绪理解。在实验中，他们向儿童讲述故事，告诉儿童一个动物在不知情的情况下，它喜欢的饮料被换成一种不喜欢的，故事讲完后要求儿童回答动物在喝饮料之前（基于信念的情绪），以及喝之后感觉怎么样（基于愿望的情绪）。结果发现，3岁儿童能够正确理解基于愿望的情绪，但是还不能正确理解基于信念的情绪；4岁儿童则开始能够理解基于信念的情绪；到6岁时，儿童才能够比较普遍地通过基于信念的情绪理解任务。也有其他研究证明，情绪理解是从基于愿望向基于信念发展的。[10]

游戏6 悄悄话述情绪

游戏目的

本游戏改编自任务转换范式，通过让幼儿绘画情绪故事，帮助幼儿觉察自己的情绪状态，理解情绪产生的原因，并以绘画的方式再现事件过程。这种记录日常生活中情绪事件的方式，可以提升幼儿对情绪理解的能力，让幼儿逐步感知情绪可以用绘画和语言表达出来，有助于培养幼儿的情绪表达能力。绘画故事和情绪故事具有统一性，可以进行转移，通过训练随意注意转移能力，将幼儿的情绪转移到绘画上。本游戏给予了幼儿充足、灵活的记录时间及交流展示情绪故事的平台。

适用对象与游戏方式

中班及以上，集体教学。

游戏准备

多媒体教室一间，黑板，粉笔，白纸若干，彩笔，提前准备好的照片，《樱桃小丸子》视频片段。

游戏流程

1. 导入。

教师在黑板上呈现四幅不同表情的简笔画，提问幼儿它们是怎样的表情。

2. 感受体验：交流照片，激发情绪。

师：请你说说照片上的自己在干什么，当时的心情是怎样的。

3. 讨论使自己不生气的办法，大胆尝试表现。

师：你有没有什么好的方法，能让生气的人进行自我调节，变得开心起来呢？

（1）幼儿讨论（尝试幼儿说的方法，比如抱一抱、唱首歌等，进行延伸）。

（2）运用画图的方式总结调节情绪的办法。

4. 移情换位：长辈生气了，我们能做些什么？

（1）播放《樱桃小丸子》视频片段，让幼儿知道大人也会生气。

师：小丸子的妈妈为什么生气？

（2）师：你的爸爸妈妈有生气的时候吗，为什么？

（3）师：想一想，怎么样能让爸爸妈妈不生气，快乐起来？（调动幼儿说出之前学习的经验）

5. 情感升华：爸爸妈妈对我说，我对爸爸妈妈说。

教师把幼儿说的录制下来，发给爸爸妈妈看。

注意事项

鼓励幼儿表达自己的情绪。

心理小知识

幼儿的愿望与情绪理解

基于愿望的情绪理解指个体对于自己或他人在情景中是否满足愿望时所产生情绪的理解。有的研究者认为，儿童3岁左右就能够理解情绪和愿望之间的联系。尤伊尔（Yuill）是最早探索儿童对愿望的理解与情绪产生之间关系的研究者，她发现即便是3.5岁的幼儿也能根据结果是否是行为者所想要的来判断其情绪。有研究表明，3岁到7岁的儿童对日常情境中行为的情绪预期，与他们理解"愿望是一种主观的心理状态"的能力有关。[11] 威尔曼（Wellman）和伍利（Woolley）的研究发现，2.5岁到3岁的儿童知道故事中的人得到他期望已久的兔子时，感到高兴；但当兔子被换为小狗时，将感到难过。这些研究表明，3岁可能是儿童获得基于愿望的情绪理解能力的关键年龄。[12]

游戏7 我不想生气

游戏目的

本游戏改编自任务转换范式，通过认知、体会、表现生气的情绪，知道生气是一种正常的情绪体验，并通过训练转移能力来调适情绪。让幼儿大胆尝试多种方法进行自我调节，学会管理情绪，使自己经常保持愉快的情绪。

适用对象与游戏方式

中班及以上，集体教学。

游戏准备

多媒体教室一间，《我不想生气》绘本课件，小纸条，笔，自制“大火球”。

游戏流程

1. 导入：小兔子生气了。

（1）观察绘本《我不想生气》的封面图片。

师：这只兔子看起来心情怎么样？

师：你从哪里感觉到它很生气？

小结：从表情、动作可以感觉到一个人的心情，看来小兔子真的好生气。

（2）猜测小兔子因为什么事情生气。

（3）师：看看，小兔子到底为了什么事情生气呀？

2. 感受情绪。

（1）师：你也有这样生气的时候吗？你遇到什么事情会特别生气呢？请你记录在小纸片上。

（2）师：告诉大家你会为什么事而生气。

（3）师：老师这里有个生气的“大火球”，让我们把让人生气的这些事装进球里。

（4）师：你感觉人生气了，心里装了个“大火球”舒服吗？生气对人有些什么影响?

3. 衍生方法:与“大火球”说再见。

师:生气的时候,有什么好办法可以让自己不生气?

看看小兔子有些什么好办法:幼儿看课件,边听教师讲述画面内容边“呼——吸——”;安安静静地独自待在一个自己喜欢的地方;和关心自己的人说说自己生气的原因。

注意事项

鼓励幼儿表达自己的情绪,引发幼儿的思考。

心理小知识

什么是情绪调节

情绪调节是个体根据内外环境的要求,在对情绪进行监控和评估的基础上,采用一定的行为策略对情绪进行影响和控制的过程,是个体为保持内外适应的机能反应。情绪调节有利于个体处理人际冲突、调控自身行为,能够帮助个体有效地适应社会环境,保持良好的人际关系,是促进个体社会性发展的重要途径。情绪调节强调动态性和多层次性。动态性即情绪调节是一个动态过程,在不同时段、不同情境中不断变化;多层次性即情绪调节涉及初级的生理感官、次级的身体体验和行为表达、高级的情绪社会认知等多个层面。[13]

游戏8 不乱发脾气

游戏目的

本游戏改编自任务转换范式，通过创设情境让幼儿进行体验，从而激发幼儿的内在情感。本游戏在绘本情境模拟教学活动过程中，充分发挥幼儿的主观能动性，让幼儿自主进行情境创设与活动设计，训练幼儿的随意注意转移能力，调动幼儿的内在情感，促进幼儿的情绪调节能力。此外，也通过游戏让幼儿学会管理情绪，使自己经常保持愉快的情绪。

适用对象与游戏方式

中班及以上，集体教学。

游戏准备

多媒体教室一间，《妞妞不哭了》故事课件，玩具，障碍物，绿植。

游戏流程

1. 导入活动。

请幼儿看《妞妞不哭了》故事课件并听故事，提问："妞妞为什么哭？发生了什么事？她这样哭对不对？哭能解决问题吗？如果遇到了这种问题，你会怎么办？妞妞后来是怎么做的？"

2. 感受体验。

师：老师今天给小朋友们带来了我自己最喜欢的玩具，想要和大家一起分享。这可是老师最喜欢的玩具……(小张老师此时突然出现,抢走了教师手中的玩具)老师最喜欢的玩具被小张老师抢走了!

通过小张老师抢走玩具的环节,激起幼儿的情绪共鸣。请幼儿进行尝试,感受愤怒的情绪变化。

师:小朋友们现在有没有和我一样,变得愤怒了?可是愤怒的情绪让老师觉得非常的糟糕,有什么办法可以帮助我们把身体里愤怒的小怪兽给赶走呢?

教师与幼儿一起跨障碍奔跑,回到绿植区域,围坐一起,闭上眼睛慢慢地深呼吸。睁开眼睛抬头看看蓝天,看看周围的大树,还有小草,闻一闻周围的花香……

师:现在,老师的情绪慢慢平静下来。原来一直跑,一直跑,在跑步中我们可以把愤怒的情绪发泄出来,大自然的景色也可以缓解我们的愤怒情绪。以后大家感到愤怒的时候就可以这样转移自己的不良情绪了。

注意事项

活动过程中需要注意安全。

心理小知识

如何培养幼儿的情绪管理能力

首先,教师作为幼儿学习的引领者和生活的陪伴者,要做好言传身教,加强自身情绪管理。其次,要给幼儿一个适宜的情绪宣泄口,例如运动、唱歌和绘画等活动能够逐渐舒缓幼儿的负面情绪,同时也能培养幼儿的兴趣爱好。最后,鼓励幼儿向周围的人倾诉负面情绪,学校与家庭形成合力,给幼儿创造一个情绪稳定的成长环境。

三、拓展训练

游戏设计一

请根据情绪具象化——四象限法则，围绕其心理学原理，设计一个情绪力主题游戏，并填写下表。

游戏名称	
游戏目的	
适用对象与游戏方式	
游戏准备	
游戏流程	
注意事项	

游戏设计二

请根据随意注意转移——任务转换范式，围绕其心理学原理，设计一个情绪力主题游戏,并填写下表。

游戏名称	
游戏目的	
适用对象与游戏方式	
游戏准备	
游戏流程	
注意事项	

参考文献:

[1] 梁慧娟,宋春燕.促进大班幼儿情绪能力发展的情绪教育实践探索[J].教育导刊(下半月),2019(04):44-47.

[2] 王瑜鑫.小班幼儿情绪教育的实施前提及途径探究[J].福建基础教育研究,2022(03):124-127.

[3] THOMSEN TAMARA, LESSING NORA. Children's emotion regulation repertoire and problem behavior: a latent cross-lagged panel study [J]. Journal

of Applied Developmental Psychology，2020，71：101198.

[4] 孟祥蕊，刘文，车翰博，刘方，胡文文 . 3—5 岁幼儿情绪调节策略类型倾向与执行功能的关系 [J]. 学前教育研究，2020（07）：14–23.

[5] 任志楠，张馨，刘航，韦袁钰 . 壮族 4~6 岁儿童情绪表达规则的发展 [J]. 民族教育研究，2018，29（01）：103–109.

[6] 仉新莉，富雅昕 . 健康活动：情绪小怪兽 [J]. 儿童与健康，2021（10）：73–74.

[7] 陈英和，崔艳丽，王雨晴 . 幼儿心理理论与情绪理解发展及关系的研究 [J]. 心理科学，2005（03）：527–532.

[8] 姚端维，陈英和，赵延芹 . 3~5 岁儿童情绪能力的年龄特征、发展趋势和性别差异的研究 [J]. 心理发展与教育，2004（02）：12–16.

[9] 陆小庆 . 3—5 岁幼儿情绪理解的发展及其与同伴互动的关系研究 [D]. 长春：东北师范大学，2010.

[10] HARRIS P L，JOHNSON C N，HUTTON D，et al. Young children's theory of mind and emotion [J]. Cognition & Emotion，1989，3（4）：379–400.

[11] YUILL N，PERNER J，PEARSON A，et al. Children's changing understanding of wicked desires：from objective to subjective and moral [J]. British Journal of Developmental Psychology，1996，14（4）：457–475.

[12] WELLMAN H M，WOOLLEY J D. From simple desires to ordinary beliefs：the early development of everyday psychology[J]. Cognition，1990，35（3）：245–275.

[13] 李盼 . 幼儿情绪调节能力的影响因素及培养策略 [J]. 教育观察，2022，11（09）：34–37.

第五章

幼儿推理力游戏

生活中，当孩子习得种子会发芽之后，若是误食了种子，可能会提问："我的肚子里是不是要长小树了？"这就是幼儿推理力的表现。4—7岁是幼儿逻辑推理能力萌芽并迅速发展的阶段，幼儿的早期逻辑推理和问题解决能力与他们未来的学习与发展有着密切的关系。

我们也会发现，在小学低年级，80%—90%的孩子成绩是比较接近的；而在小学高年级，成绩明显拉开了距离，20%—40%的孩子出现理解能力、记忆能力差，上课注意力不集中，爱做小动作，成绩落后等问题；在初中阶段，这种现象更为明显，并会引发一系列的青春期心理和行为问题。孩子的推理能力在学龄前时期就已经开始发展并产生差异。推理力直接影响幼儿未来的智力水平，较强推理能力的个体在加工处理信息时更为迅速，能更清晰且高效地解决问题。

一、如何进行推理力训练

如前文所述，推理力是以敏锐的思考分析、快捷的反应迅速地掌握问题的核心，在最短时间内做出合理正确选择的能力。推理力可分为演绎推理能力、归纳推理能力和传递性推理能力。其中归纳推理能力和传递性推理能力处在认知发展中的核心位置，能有效帮助个体从周围环境中提取信息。

（一）归纳推理能力训练

归纳推理能力具体是指幼儿能够依据某种标准对事物进行分类推断的能

力。归纳推理能力与知觉相似性密切相关。知觉相似性的概念分为两层:第一层为个体能够按照要求对事物进行归类的能力;第二层为个体主动地察觉到事物之间的相似性并能建立一个或多个维度类别的能力。

目标项目

知觉匹配项目

类别匹配项目

关于归纳推理能力,心理学主要使用目标分类范式展开研究。目标分类范式具体指实验者首先给幼儿呈现一个目标项目,告诉幼儿这个目标项目体内有一个隐藏的生物学属性,接着给幼儿呈现一个与目标项目在外观上非常相似的知觉匹配项目,以及一个与目标项目在外观上不相似但同属一类的类别匹配项目,然后让幼儿判断是知觉匹配项目还是类别匹配项目与目标项目体内的生物学属性相同。知觉相似性引导幼儿在给予的线索与选项中发现事物之间的联系,从而能更有效地理解外界信息,吸收更多的知识。

(二)传递性推理能力训练

传递性推理是当需要推断两个客体之间的关系时,经由这两个客体与第三者的关系来进行推断的推理,即从前提 A → B 和前提 B → C 的关系中演绎出 A → C 关系的推理。

传递性推理与相对概念有关。相对概念有两层含义：第一层含义指个体了解一切事物都是相对而言，根据不同参照物转换视角的能力；第二层含义指个体根据两个客体与第三个客体之间的关系可以直接推理出两两之间的关系而不需要直接比较的能力。

关于传递性推理能力，心理学主要使用关系推理范式展开研究。关系推理范式具体指实验者让幼儿玩一个比长短的游戏，准备三根不同长短的木条，先让幼儿比较木条 A 和木条 B 的长度，让幼儿进行回答，接着让幼儿比较木条 B 和木条 C，最终让幼儿判断木条 A 和木条 C 的长短。最后询问幼儿是如何做出判断的。相对概念引导幼儿感知量之间的变化和比较，可以促进幼儿思维的抽象性和灵活性的发展。

本书根据目标分类范式，设计五种训练，以帮助幼儿提高知觉相似性，从而发展归纳推理能力；根据关系推理范式，设计五种训练，以帮助幼儿树立相对概念，从而发展传递性推理能力。

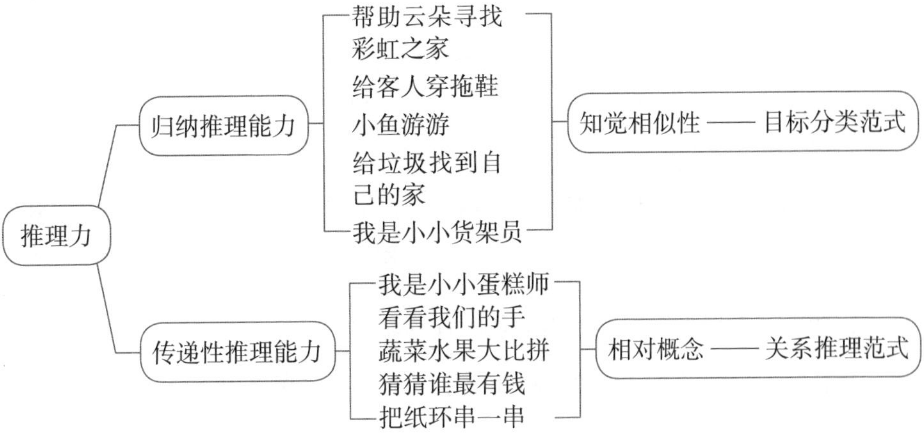

二、我们怎么玩

游戏1 帮助云朵寻找彩虹之家

游戏目的

本游戏改编自目标分类范式。幼儿需要通过观察,在所呈现的不同颜色分区中,找到与自己橡皮泥的颜色相同的分区。通过让幼儿根据已有的颜色提示找出对应的位置,锻炼幼儿的知觉相似性,提高幼儿的归纳推理能力。

适用对象与游戏方式

中班及以上,集体教学。

游戏准备

可活动的大教室一间,7 种颜色的橡皮泥,木板,彩笔,云朵形状的橡皮泥模具。

游戏流程

1. 教师引导幼儿用橡皮泥做自己喜欢颜色的云朵(需要告知幼儿只能选择一种颜色)。

2. 教师在木板上用彩笔画出七色彩虹的轮廓。

3. 教师引导幼儿在一定的轮廓里要放上相同颜色的云朵。

4. 每名幼儿都要上前,把自己手中的彩色云朵放在颜色相同的彩虹轮廓里,组成彩虹。

注意事项

1. 当有幼儿放错云朵的位置时，教师应及时引导幼儿找到正确的位置，而不要直接告诉其答案，并且要鼓励幼儿，给予幼儿信心。

2. 每名幼儿在放好云朵后，教师都问一下全体幼儿其摆放的位置是否正确。

3. 每一朵云只能是一种颜色的。

心理小知识

什么是颜色视觉

颜色视觉是光谱上380—760纳米(nm)波长的辐射能量作用于人的视觉器官所产生的颜色感觉，又称色觉。在可见光谱上从长波端到短波端依次产生的色觉为红、橙、黄、绿、蓝、紫。人眼对光谱各波长的辨别能力是很不一样的。在整个光谱上人们可以分辨100多种不同的颜色。物体表面的颜色取决于物体反射和吸收照射在其上的光波情况。

游戏2 给客人穿拖鞋

游戏目的

本游戏改编自目标分类范式。教师运用人物和物品卡片，让幼儿自己动手制作两种不同大小和颜色的卡片来进行有意识的区分。通过团体合作模式，按照一定的规则给客人安排合适的“拖鞋”，以此提高幼儿发现事物之间相似性的能力，从而提高幼儿的归纳推理能力。

适用对象与游戏方式

大班,集体教学。

游戏准备

多媒体教室一间,绿色、蓝色卡纸,大拖鞋和小拖鞋的模板若干,安全剪刀若干,不同性别的大人和小孩形状的卡片若干。

游戏流程

1. 教师提前一天让幼儿回家观察家中大人和自己的拖鞋的形状以及区别。
2. 教师邀请幼儿分享家中大人和自己的拖鞋的形状以及区别。
3. 幼儿分别在蓝色和绿色的卡纸上画出不同大小的拖鞋形状,并剪下来。
4. 教师首先在黑板上摆放来的客人卡片,分别放 2 个男人、1 个男孩。
5. 将幼儿分为两个小组,每个小组讨论应该给客人准备怎样的拖鞋。
6. 教师让每个小组依次在黑板上为人物穿上拖鞋。

注意事项

1. 在准备过程中,图形材料统一为大和小两种规格。
2. 游戏过程中,没有绝对的对与错,只要幼儿言之有理即可。
3. 教师在幼儿讨论的过程中要注意引导。

心理小知识

视觉辨别能力的发展

视觉辨别能力是指辨别个体与其他个体之间差异性的能力。视觉辨别力是影响孩子学习的重要因素，它随着孩子年龄的增长而提高。但是这种能力的发展有着极大的个体差异性。视觉辨别能力的发展与孩子从小所受的训练和教育环境有很大的关系，是孩子阅读、书写等活动的前提条件。

游戏3 小鱼游游

游戏目的

本游戏改编自目标分类范式，需要幼儿将不同游行方向、颜色的鱼划分到4个水池中。在这个过程中，幼儿需要有意识地去寻找小鱼之间的相似性，按照自己察觉到的相似点进行分类，从而锻炼归纳推理能力。

适用对象与游戏方式

中班及以上，集体教学。

游戏准备

多媒体教室一间，不同颜色的鱼卡片，白纸、铅笔、彩笔若干。

游戏流程

1. 教师在黑板上摆放向上、向下、向左、向右四种不同朝向且有四种不同颜色的鱼卡片，并为幼儿讲解规则。

2. 幼儿开动脑筋，思考怎么把这些鱼分配到 4 个大水池里。

3. 幼儿在白纸上画出自己的分配方式。

4. 画好后，幼儿可以举手与其他同学交流自己这样分配的原因。

注意事项

1. 鱼卡片的摆放方向统一为上、下、左、右四种方向。

2. 教师在幼儿画出一种分配方式后，鼓励幼儿再想想还有没有其他分配方式。

心理小知识

什么是视觉空间知觉能力

视觉空间知觉能力是指能准确掌握及表现视觉空间的能力。人脑能反映物体所具有的形状、大小、远近、方位等空间特性。空间知觉包括形状知觉、大小知觉、距离知觉、立体知觉和方位知觉等。视觉空间知觉能力并不是先天就有的，而是通过后天的学习获得的。视觉空间知觉能力对于孩子的书写、对数字概念的理解和计算，以及处理比较复杂的学习问题有着非常重大的意义。

游戏4 给垃圾找到自己的家

游戏目的

本游戏改编自目标分类范式,幼儿需要按照不同的分类方式安排“垃圾”进入不同的垃圾桶。在游戏中,幼儿需要寻找卡片之间的相关性,从而锻炼归纳推理能力。

适用对象与游戏方式

中班及以上,集体教学。

游戏准备

可活动的大教室一间,4个不同颜色的垃圾桶,10张白色卡片,彩笔若干。

游戏流程

1. 教师提前一天给幼儿布置任务,幼儿需要在家观察家里的生活垃圾。

2. 4名幼儿为一组进行合作游戏,每组幼儿要在10张白色卡片上画出不同的生活垃圾。

3. 小组进行讨论,怎么把画好的不同生活垃圾卡片放在四个不同颜色的垃圾桶里。

4. 每个小组轮流上前与大家分享自己画了什么,以及10张生活垃圾卡片分别被放入哪个颜色的垃圾桶。

注意事项

1. 游戏里的垃圾分类没有统一的标准，只要言之有理即可。

2. 每组分享后，教师可以问问其他幼儿，有没有其他的分类方式。

3. 维持现场秩序，避免幼儿之间的争吵。

心理小知识

儿童分类能力的发展

5—6 岁是儿童分类能力发展的关键期。特沃斯基（Tversky）的研究指出，儿童的分类标准随着年龄的增长而发生变化。[1] 曹瑞、阴国恩的研究发现，3—7 岁儿童的分类策略随着分类材料几何属性差别的变化而改变，3—5 岁儿童的分类策略变化较大，5—6 岁儿童向具备稳定策略过渡，6—7 岁儿童具备较为稳定的分类策略。[2]

游戏5 我是小小货架员

游戏目的

本游戏改编自目标分类范式，需要幼儿根据任意一种特征对物品进行分类，并且鼓励幼儿探索多种多样的分类标准。在游戏过程中，幼儿需要寻找印有各种物品的卡片之间的相关性，以此锻炼归纳推理能力。

适用对象与游戏方式

中班及以上，集体教学。

游戏准备

可活动的大教室一间，黑板，印有各种物品的卡片若干，白纸若干，彩笔。

游戏流程

1. 教师面对幼儿，向幼儿介绍在黑板上摆放的卡片代表超市需要整理、摆放的货物。

2. 幼儿在白纸上画出自己想要摆放的方式。

3. 摆放完毕后，幼儿自愿举手发言自己设置了几层货架、物品摆放的方式和原因。

注意事项

1. 幼儿可以按照自己的想法设置货架的层数。

2. 教师按照幼儿的反应，通过改变摆放图片的数量来控制游戏的难度。

3. 在幼儿绘画的过程中，教师可以给予适当的引导。

心理小知识

什么是转导推理

转导推理是儿童最初的推理形式，是指从一个特殊事例到另一个特殊事例的推理。一般情况下，2岁儿童就已经能够进行转导推理，虽然这只是一种类似推理，通常情况下都是不符合客观现实或逻辑的，并不是真正达到了逻辑推理水平，我们称之为前概念的推理，但是其对儿童推理的发展起到了重要的奠基作用。可能的原因在于：一方面，儿童受年龄的局限，缺乏知识经验；另一方面，儿童不能进行分类、概括等概念性思维加工。

游戏6 我是小小蛋糕师

游戏目的

本游戏改编自关系推理范式，需要彩色橡皮泥，让幼儿通过制作出不同厚度的“蛋糕”认识到厚、薄的概念。幼儿之间通过视觉判断比较谁的“蛋糕”更厚，锻炼传递性推理能力。

适用对象与游戏方式

中班及以上，集体教学。

游戏准备

可活动的大教室一间，彩色橡皮泥工具包，音乐。

游戏流程

1. 将幼儿分成三组。

2. 教师作为顾客对“蛋糕”的厚度提出不同要求。

3. 幼儿要在音乐结束前做好“蛋糕”。

4. 音乐结束后，三组幼儿互相比较哪一组的“蛋糕”最符合教师的要求。

注意事项

1. 音乐结束后幼儿要立刻停下来。

2. 每组幼儿在做“蛋糕”的过程中不能偷看其他组做的“蛋糕”。

心理小知识

什么是比较

比较是指确定对象之间差异点和共同点的逻辑方法，是人类认识事物的一种基本思维方法。比较方法是人们根据一定的需要和标准，把彼此有某种联系的事物加以分析、对比，从而找出它们的内在联系、共同规律和特殊本质的方法，是一种科学的认识方法。有比较才能有鉴别。

游戏7 看看我们的手

游戏目的

本游戏改编自关系推理范式，让3名幼儿在相互比较自己手掌大小的过程中，发现某些情况下三个人之间只要比较两次就能得出大小的排序，而不需要三次。幼儿可以在大小对比推断中提高对相对概念的理解水平，从而训练传递性推理能力。

适用对象与游戏方式

大班，集体教学。

游戏准备

可活动的大教室一间。

游戏流程

1. 教师带领幼儿观察自己的手，比如手有什么功能、手的形状等，带幼儿初步认识自己的手。

2. 幼儿随机分为三人小组。

3. 每组幼儿要与自己的两位组员比较手的大小。

4. 幼儿要在最短时间内通过比较排列出三个人手的大小顺序。

5. 邀请幼儿以组为单位，在全班分享自己的比较方法。

6. 教师引导幼儿发现有时三个人只需要比较两次，就可以发现手大小的排序。

注意事项

1. 幼儿可以通过重复组合队友继续比赛。

2. 在比较的过程中，教师要注意纪律，进行引导，防止幼儿之间发生冲突。

心理小知识

什么是差别感受性

差别感受性是指个体能察觉出两个同类刺激物之间最小差别量的能力。具体来说，两个同类的刺激物，它们的强度只有达到一定的差异，才能引起差别感觉，即人们能够觉察出它们的差别，或把它们区别开来。

游戏8 蔬菜水果大比拼

游戏目的

本游戏改编自关系推理范式，幼儿需要小组合作制作一个跷跷板工具，将不同的蔬菜放在制作好的跷跷板上进行重量的比较。幼儿在多次比较两种蔬菜之间的重量并记录的过程中，发现物品与物品重量之间的传递性规律，以此锻炼幼儿的相对概念，提高传递性推理能力。

适用对象与游戏方式

中班及以上,集体教学。

游戏准备

可活动的大教室一间,尺子若干把,塑料纸杯,胶布,胶水棒,安全剪刀,蔬菜若干,篮子若干。

游戏流程

1. 教师向幼儿介绍跷跷板的原理,并带领幼儿用塑料纸杯和尺子做一个简易跷跷板。

2. 每3名幼儿为一组,每组同分到一篮蔬菜。

3. 每组幼儿在跷跷板的两端放不同的蔬菜,并进行重量、大小比较的记录。

4. 最后幼儿需要按照重量、大小将蔬菜依次排好。

5. 教师引导幼儿发现物品与物品重量之间的传递性规律。

注意事项

1. 所选择的蔬菜体积应偏小,大小可以放入塑料纸杯当中。

2. 蔬菜摆放位置离中间端点的距离应该保持基本一致。

心理小知识

跷跷板是怎么跷的

跷跷板原理即杠杆原理，人对跷跷板的压力是动力和阻力，人到跷跷板的固定点的距离分别是动力臂和阻力臂。重力加速度导致一上一下，高者重力加速度要大于低者，所以高者下降，同时在杠杆原理的作用下，低者被跷起来，如此循环。

游戏9 猜猜谁最有钱

游戏目的

本游戏改编自关系推理范式，让幼儿在两两比较的过程中，找出持有金额最多的人，从而锻炼幼儿的相对概念，提高幼儿的传递性推理能力。

适用对象与游戏方式

中班及以上，集体教学。

游戏准备

可活动的大空教室一间，布袋子，不同面额的纸币。

游戏流程

1. 教师向幼儿介绍纸币，比如面额以及用途，初步带领幼儿认识纸币。

2. 每3名幼儿为一组。

3. 每组幼儿轮流上前从装有纸币的布袋子中抽取不同的纸币。

4. 只有同组的人可以在台上互相看彼此的纸币面额。

5. 其余幼儿通过提问猜出谁是“最有钱”的人。

注意事项

1. 提问的幼儿只能用“…… 是不是比 …… 更有钱”的句式。

2. 回答的幼儿只能回答“是”或者“否”,不能回复其他话。

3. 在这个过程中,幼儿不能破坏纸币。

心理小知识

幼儿的运算能力发展

5—7 岁幼儿对数字的概念开始从表象运算向抽象的数字运算过渡。这时的幼儿逐渐学会 20 以内的加减运算,对基数和序数概念都达到了一定的稳定性,对 10 以内的客体有了数量守恒的概念。

游戏 10 把纸环串一串

游戏目的

本游戏改编自关系推理范式,通过让幼儿比较纸环的长度来训练幼儿的相对概念,同时让幼儿在动手串纸环的过程中提高空间想象能力,让幼儿知觉到物品之间的不同长度,以及不同长度之间的关系。

适用对象与游戏方式

中班及以上，集体教学。

游戏准备

可活动的大教室一间，多张彩纸，安全剪刀，胶带。

游戏流程

1. 教师向幼儿示范纸环的制作过程。

2. 幼儿每人拿到一张彩纸，按照教师的示范要求自己把纸剪成条状。

3. 纸条的两端用胶带固定在一起形成纸环。

4. 纸条穿进纸环内再连接，不断重复此过程，可串联成一长条纸环。

5. 幼儿之间比较纸环的长短，找出纸环最长的小朋友。

注意事项

1. 除了简单的首尾连接的方式，还可以探索更多其他的连接方式。

2. 幼儿需要用手举着纸环两两进行比较，尽量在最短时间内找到纸环最长的小朋友。

3. 在游戏中，需要注意剪刀的安全使用问题。

心理小知识

什么是空间概念

空间概念是指人脑对物体在空间内存在形式产生的间接的、概括的反映，涉及形状、大小、远近、深浅、方位等。空间概念是在空间知觉的基础上建立起来的，是对空间知觉的抽象与概括。它不但依赖于个体从生活经验中获得的各种空间表象，同时也依赖于各种表示空间关系的词语。

三、拓展训练

游戏设计一

请根据知觉相似性 — 目标分类范式，围绕其心理学原理，设计一个推理力主题游戏，并填写下表。

游戏名称	
游戏目的	
适用对象与游戏方式	
游戏准备	
游戏流程	
注意事项	

游戏设计二

请根据相对概念—关系推理范式，围绕其心理学原理，设计一个推理力主题游戏，并填写下表。

游戏名称	
游戏目的	
适用对象与游戏方式	
游戏准备	
游戏流程	
注意事项	

参考文献：

[1] TVERSKY B. Development of taxonomic organization of named and pictured categories [J]. Developmental Psychology, 1985, 21（6）: 1111-1119.

[2] 曹瑞，阴国恩 . 3~7 岁儿童分类方式对分类结果影响的研究 [J]. 心理发展与教育，2001，（02）：7-12.

第六章

幼儿运动力游戏

生活中，在路过公园或是在幼儿园看到小朋友们玩耍时，你会发现他们能躲避他人的碰撞，能与他人玩追逐、躲闪的游戏，能躲避他人滚过来的球或扔过来的沙包。这就是孩子的运动力。如果你恰好陪伴一个孩子成长，并在生活中仔细观察，你会发现，3—4 岁的幼儿能沿地面直线或在较窄的低矮物体上走一段距离；4—5 岁的幼儿能在较窄的低矮物体上平稳地走一段距离；5—6 岁的幼儿能在斜坡、荡桥和有一定间隔的物体上较平稳地行走。

《3—6 岁儿童学习与发展指南》的健康领域中，研究者根据幼儿年龄大小，将动作发展目标划分为 3 个阶段。以幼儿平衡能力发展为例，从 3—4 岁沿直线走，到 4—5 岁在较窄的低矮物体上走，再到 5—6 岁在斜坡、荡桥上走，3 个阶段层层递进，阶段特征极为凸显。[1] 同时，幼儿动作发展的阶段性还体现在高级动作的发展是建立在已经形成和巩固的低级动作发展水平的基础上。

一、如何进行运动力训练

如前文所述，运动力是指人从事各种身体运动的能力，包括维持生命活动所不可缺少的走、跑、跳、掷、攀、爬、滚、翻等基本运动能力和平衡感、动感、手眼协调及足眼协调等特殊运动能力两部分。幼儿的运动力特指正常发育过程中，没有经过系统运动训练，在自然生长发育状态下，正常人体活动所获得的跑、跳、投等基本活动能力。

幼儿运动力发展出现障碍的主要表现是协调性、灵敏性、平衡性（三性）失调，主要原因是大脑神经中枢对于肌肉的调控能力较差，肌肉瘫痪无力、痉挛、肌张力增高、运动不协调、动作不灵活，平衡能力差等运动控制障碍。为此，有针对性地对幼儿加强“三性”训练，促进大脑中枢神经系统发展，改善幼儿平衡性、协调性、灵敏性，对促进幼儿运动力的发展有重要作用。

（一）平衡性训练

人体的平衡性，包括感知正确的自身空间和位置信息，以及关节活动信息等，这些都依靠前庭觉协调处理。前庭觉是大脑功能的门槛，也是影响儿童成长和学习发展最重要的因素之一。控制前庭觉的器官叫作庭神经核，它位于大脑的后下方脑干的前面，是一个很小的雷达感应器官，而由此组成的神经系统功能便是前庭觉。前庭觉系统对肌肉和关键的活动起到指引作用，直接影响身体的平衡反应功能。前庭觉掌管着人的平衡感，避免儿童在走路时跌倒，并进行自我保护，还能影响大脑对头部位置的判断，帮助人体确认方向和距离。

旋转范式是训练儿童前庭的活动，通过让儿童和物体绕着同一个相对固定的轴旋转，使儿童处在一个相对失衡的状态，给予儿童前庭适当的刺激。

（二）协调性训练

幼儿的协调性是指幼儿在运动过程中，调节与综合身体各个部分动作的能力，是一种综合性的能力。本体觉是人体运动相关的器官在动静状态时所产生的诸如位置、运动、震动等感觉，本体觉影响着幼儿的身体协调能力。本体觉能让我们在脑海中清晰地知道每个关节弯曲的角度、做的动作，这也就是我们不用看到自己，也能随时控制身体任何部位的原因所在。从本体觉机制来看，本体觉失调，是对身体的某些部位不能够很好地控制，是身体整体的协调性出了问题。

人际同步范式（Interpersonal Motor Synchronization）是指两人或者多人在互动的过程中，动作同时发生并保持一致的现象。[2] 它普遍存在于各种社会情境中，例如阅兵方阵整齐划一地齐步走、聚光灯下舞者集体翩翩起舞、齐声朗诵、集体合唱等。[3]

（三）灵敏性训练

灵敏性是人体在各种突然变化的条件下，在保证身体的平衡、速度和力量不受影响之余，能够准确、迅速、协调地改变体位、转换动作和随机应变的能力。灵敏是速度、柔韧、力量等人各种身体素质和运动技能的综合体现。灵敏素质是由大脑皮层神经活动过程的可塑性及灵活性所决定的。可塑性表现为对动作的掌握能力；灵活性表现为对参加运动的肌群的控制、指挥能力。人体灵敏的素质与复杂的运动反射速度及准确性密切相关。

手部游戏（hand games）范式指儿童首先模仿主试的几个手部动作，然后儿童必须做出与主试相反的手部动作。例如，当主试伸出一根手指的时候，儿童就伸出拳头。因变量是儿童在做出与主试相反的手部动作时所犯错误的次数。

本书针对幼儿运动的平衡性、协调性和灵敏性，有针对性地给出训练方案。本书根据旋转范式，设计三种训练以刺激幼儿前庭器官，帮助幼儿发展平衡性；根据人际同步范式，设计四种训练以刺激幼儿本体觉，帮助幼儿发展协调性；根据手部游戏范式，设计三种训练以刺激幼儿腹内侧前额叶，帮助幼儿发展灵敏性。

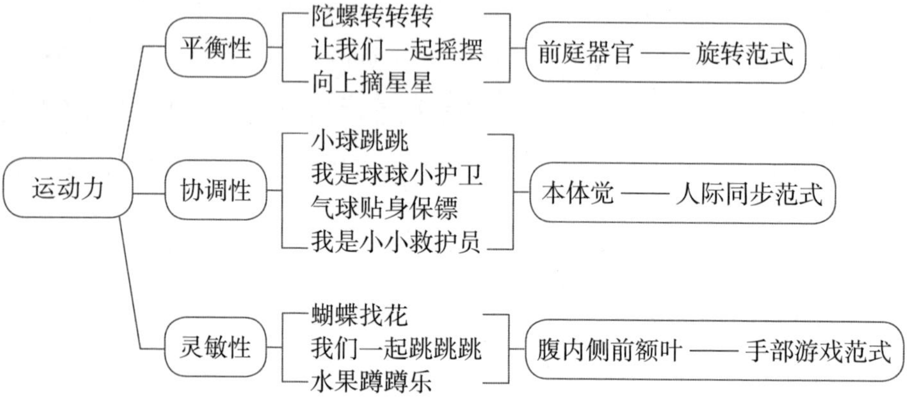

二、我们怎么玩

游戏1 陀螺转转转

游戏目的

本游戏通过旋转训练提升幼儿的平衡性。摇滚陀螺是一种前庭训练器材，其造型本身是不平衡的空心半球体，儿童处在陀螺中通过身体重心的调整和辅助者在外施加的力，使陀螺旋转，儿童将处在一个相对失衡的状态，从而适度刺激儿童的前庭感官，让儿童在自然的游戏情境中训练平衡性，进而提升前庭的协调性。本游戏的主要目的是通过训练幼儿的前庭觉，提升幼儿的平衡性。

适用对象与游戏方式

中班及以上，集体教学。

游戏准备

可活动的大教室一间，摇滚陀螺 5 个。

游戏流程

1. 将幼儿随机分成五组。每组幼儿各自围成圈，一起认识一下摇滚陀螺，对摇滚陀螺畅所欲言。

2. 教师请一名幼儿进行示范，并讲解在这个过程中需要注意的事项。

3. 每一名幼儿按照顺序对陀螺进行体验，让儿童在原地进行旋转活动，并分享感受。

4. 幼儿需要反馈自己在失衡状态下的体验，以及自己如何保持平衡。

注意事项

1. 游戏过程中提醒幼儿注意安全，在其他幼儿体验摇滚陀螺时不要去碰、转陀螺。

2. 在游戏过程中，可以播放一些有趣味的音乐提升幼儿的兴趣。

心理小知识

幼儿训练——循序渐进原则

学龄前儿童在训练过程中并不能马上达到训练目的，训练是一个循序渐进的过程。无论是在心理还是生理锻炼上，训练内容都应该从易到难，考虑学龄前儿童的学习能力及接受程度。如果不符合学龄前儿童的生理心理特点，信息量过大，反而容易适得其反，不能达到训练目的，影响感觉统合能力发展。在儿童训练过程中，也应该给予儿童引导和鼓励，使儿童在训练过程中产生更多的满足感，从而更能按目标要求完成训练任务。

游戏2 让我们一起摇摆

游戏目的

本游戏是旋转范式的变式——摆荡。摆荡的过程就是对前庭感官反复适度刺激的过程。本游戏通过在支撑点前后或左右摆动幼儿的身体，幼儿通过伸展双手或手扶的方式不断调整自己的身体以保持平衡的方式，对前庭产生适度刺激，从而达到训练幼儿前庭觉的目的，提升幼儿的平衡性。这个过程同时伴有对肢体的训练，能更好地促进幼儿运动力的发展。

适用对象与游戏方式

中班及以上，集体教学。

游戏准备

可活动的大教室一间,平衡板 5 个,摇摆船制作工具包。

游戏流程

1. 将幼儿随机分成五组,幼儿各自围成圈,首先由教师带领一名幼儿体验平衡板,在这个过程中,教师向学生介绍注意事项(在别的同学玩的时候,其他小朋友不能推或者碰他们以及平衡板)。

2. 邀请体验的幼儿分享感受,并请其他同学说一说自己应该如何保持平衡。

3. 每一名幼儿按照顺序对平衡板进行体验,并分享感受。

4. 了解摆荡的特点:摆荡一般有固定支撑点,如秋千和跷跷板,底部大多为圆弧状,表面平整但不能保持平衡,就像不倒翁。

5. 邀请幼儿设计一个自己的摇摆船。

注意事项

1. 游戏过程中提醒幼儿需要注意安全。

2. 在幼儿制作自己的摇摆船时,提醒他们进行感受。

3. 可以使用幼儿所熟知的不倒翁来引入。

心理小知识

什么是感觉统合

感觉统合理论是由美国心理学博士爱丽丝(Alice)在1972年提出的,以脑科学与心理学为基础,试图解释不同感觉系统及中枢神经内外信息交流、协调和统整的机制。感觉统合是将个体从视觉、听觉、味觉、触觉、嗅觉、前庭觉等不同的感觉通路通过感觉器官传来的感觉,输入大脑并对信息进行综合的分析处理(如:联系、整合、比较、抑制、统一等),并给予恰当的反应的过程。

游戏3 向上摘星星

游戏目的

本游戏主要依据旋转范式的变式——弹跳,对幼儿的平衡性进行训练。弹跳的过程就是对前庭感官反复适度刺激的过程。在蹦床上跳动的过程中,幼儿需要通过控制身体,进行起跳、落下、向前、向后运动,强化锻炼对四肢和身体重心的控制,矫正身体重心失调和运动不足,从而达到训练前庭感官、提升幼儿的前庭觉、提升幼儿运动力平衡性的目的。

适用对象与游戏方式

中班及以上,集体教学。

游戏准备

可活动的大教室一间，幼儿蹦床 5 个。

游戏流程

1. 将幼儿随机分成五组。每组幼儿各自围成圈，一名幼儿在教师的带领下首先体验蹦蹦床，教师在这个过程中为幼儿讲解注意事项。

2. 邀请体验的幼儿分享感受以及有什么技巧可以保持平衡，并请其他同学说一说自己应该如何保持平衡。

3. 每一名幼儿按照顺序对蹦床进行体验，让幼儿按照起跳、落下、向前、向后运动模式进行活动，并分享感受。

注意事项

1. 游戏过程中提醒幼儿注意安全，不要突然往前或者往后，放松身体，自然落下。

2. 在有幼儿体验的时候，其他幼儿不许推、碰他们或蹦床。

3. 难度循序渐进，先起跳、落下，再向前、向后跳。

心理小知识

如何训练前庭器官

前庭器官训练方法与内容：

训练方法	训练内容
旋转运动	例如旋转木马、电脑椅等，让幼儿在原地进行旋转活动
速度运动	利用滑板车等可移动的工具，让幼儿感受到移动的速度、位置感、空间距离感
跳跃运动	通过翻滚、跳跃反复体验跳跃的腾空感与失重感，锻炼前庭觉
平衡运动	通过独木桥、平衡板、过河石等工具让幼儿锻炼平衡稳定性
姿势反应运动	通过参加户外活动，如滑梯、骑单车、爬墙网等需要利用不同姿势的运动，促进儿童前庭觉发育
摇晃运动	利用秋千、吊床这类工具，让幼儿通过前后摆荡产生头部震动，刺激前庭神经

游戏4 小球跳跳

游戏目的

本游戏是人际同步范式的变式——自我同步，让幼儿在扔出、接住小球的过程中，发展手眼协调能力，训练本体觉，提升协调性。球类运动是一种有利于调节幼儿身体能力的运动，在接球过程中，幼儿需要通过控制身体，协调眼睛和手一致，在脑子里形成同步，才能达到接球目的。

适用对象与游戏方式

中班及以上，集体教学。

游戏准备

可活动的大教室一间，小皮球或乒乓球 5 个。

游戏流程

1. 将幼儿随机分成五组。每组分发一个小皮球或者乒乓球。

2. 基础版：让幼儿将球扔在地上，球弹起后用手抓住，每组进行尝试，最后以小组为单位进行比赛，计分。

3. 进阶版：幼儿手拿一个小皮球或乒乓球，在距离墙壁 1—2 米的地方面对墙壁站立，用力将球丢向墙壁，让球弹回，并尽量接住弹回的球。每组进行尝试，最后以小组为单位进行比赛，计分。

4. 给计分最高的小组颁发小礼物。

注意事项

1. 游戏过程中提醒幼儿注意安全，不可把球扔向其他同学。

2. 请注意幼儿不要被球砸到，可以选择材质比较软的球类。低年龄的幼儿与尚未熟悉球类运动的幼儿应使用弹力小的球。

心理小知识

人际同步促进亲社会行为

既往成人研究发现各种各样的人际运动同步（如同步按键、同步击鼓、齐步走、跳舞等）都会促进亲社会性。例如能增加参与者的亲密感、信任感和合作性行为等。这一结果在儿童身上也同样得到验证。人际运动同步为儿童的成长与发展带来了积极的亲社会效应。[4] 有研究发现，12 个月大的婴儿在摇椅子时，相较于异步摇晃，他们更喜欢同步摇晃的社交伙伴。[5]14 个月大的婴儿随着音乐与实验人员同步弹跳或者异步弹跳时，同步组的婴儿对实验人员表现出更多的助人行为。[6] 研究还发现，短时间的同步击鼓可以增强 4 岁儿童与同伴之间的合作[7]，增进 8—9 岁儿童之间的亲密感和相似感[8]。

游戏 5 我是球球小护卫

游戏目的

本游戏改编自人际同步范式，通过发展幼儿的运动协调技能（双腿夹住球上下运动）和非移动性运动协调技能（在原地维持抬腿动作）来提升幼儿的协调性。在游戏过程中，幼儿不用看脚就可以做出动作，经过大脑神经的协调使关节自由活动，幼儿不自觉就可以感觉到身体的方位。本游戏旨在通过训练幼儿的本体觉，提升幼儿的协调性。

适用对象与游戏方式

中班及以上，集体教学。

游戏准备

可活动的大教室一间，小皮球 5 个。

游戏流程

1. 将幼儿随机分成五组，每组分发一个球，为他们讲解游戏规则及注意事项。

2. 基础版：让幼儿将球夹于双腿之间，并尝试进行上下运动或在原地维持抬腿动作。

3. 进阶版：将球放置于头顶，并设法不让其掉落。双手慢慢离开球，试试可否拍手。若感觉球快要掉下来，则可停止拍手去扶住球，以防其掉落。

注意事项

1. 游戏过程中提醒幼儿注意安全，不要相互推，也不要用球砸其他同学。

2. 挑战不同大小的球。

心理小知识

感觉统合能力发展：渐进性

3—6 岁幼儿感觉统合能力的发展不会一蹴而就，是长期训练的结果，只有经过长期的训练，才能看到训练的效果。由于 3—6 岁的幼儿年龄比较小，训练的难度要从简单、容易开始，才能激发他们训练的热情，再逐步提升难度，激发他们挑战的心理。训练内容也是先从简单的训练开始，再到多个领域的混合训练，促进幼儿全身心的发展。训练时主要是从教师带动他们去训练，到教师在一旁协助，最后到幼儿主动训练，从而养成幼儿终身运动的习惯。训练时须注意，在幼儿完成动作时要及时进行鼓励。

游戏6 气球贴身保镖

游戏目的

本游戏改编自人际同步范式，通过发展幼儿的运动协调技能（两人夹住球行走）和非移动性运动协调技能（两人夹住球）来提升幼儿的协调能力。本游戏旨在通过训练幼儿的本体觉，提升幼儿的协调性以及与他人进行协调同步的能力。在游戏过程中，幼儿不自觉就可以感觉到身体的方位，并与他人保持同步运动。

适用对象与游戏方式

中班及以上，集体教学。

游戏准备

可活动的大教室一间，按照幼儿数量准备的气球。

游戏流程

1. 将幼儿随机分成几组，每两人一个小组。

2. 教师演示游戏过程，要自始至终保持气球在两人中间，游戏过程中不允许用手或胳膊拿气球，必须两人共同带球（不允许一个人用腿夹住球）。比赛过程中球不能掉到地上。如果哪个小组犯规，该小组必须回到起点，重新开始。

3. 教师向幼儿说明在生活中，和小伙伴合作相处的重要性。

注意事项

1. 游戏过程中提醒幼儿注意安全，不可以推其他同学。

2. 在幼儿遇到困难以及与其他幼儿发生矛盾时，教师要做好相应引导工作，避免幼儿情绪低落或者幼儿间发生冲突。

3. 中班孩子可以选择面对面夹球跑，跑步途中要保证气球不掉落，大班孩子可以选择背靠背夹球。

心理小知识

什么是时间感知

时间感知，也称节奏感知，指要完成同步化行为，个体就需要保持内部节奏和外部刺激在时间上的协调一致。而在努力做到与刺激序列同步之前，个体要先具备感知刺激序列时间间隔及节奏模式的能力。节奏感知是人从外界刺激的时间组织中提取出节奏特征的过程，它分为两个层面：一是对刺激序列中规律的组织方式的感知，例如音乐中的节拍；二是对等时性脉冲的感知，如音乐中的固定速度、跳舞或做体操的节拍式动作。

游戏 7 我是小小救护员

游戏目的

本游戏改编自人际同步范式，通过发展幼儿的运动协调技能（两人运用“担架”）和非移动性运动协调技能（将“伤员”固定在担架上）来提升幼儿的协调能力。两名游戏的幼儿需要协调彼此的位置关系以及人际运动同步，才能够保证正常运输。本游戏旨在通过训练幼儿的本体觉，提升幼儿的协调性，帮助幼儿更好地与他人协调同步。

适用对象与游戏方式

中班及以上，集体教学。

游戏准备

可活动的大教室一间，基础单绒布球若干个，儿童用担架若干，秒表一块。

游戏流程

1. 请幼儿回忆自己在生活中或者电视中看到的搬运伤员的画面。

2. 将幼儿随机分成两组，组内两两成为一个小组。教师介绍游戏规则，并且给幼儿演示动作，讲解注意事项。

3. 游戏开始，每队第一名幼儿出发，迅速将绒布球放进担架，之后两人合力将担架上的“伤员”从场中心抬到“医院”。后面的幼儿相继出发。直至所有“伤员”都被送进医院。用时较短的小组获胜。在运送过程中不允许用手或胳膊碰

“伤员”，也不能让“伤员”跌落到地面上。如果哪个小组犯规，该小组必须回到起点，重新开始。

注意事项

游戏过程中提醒幼儿注意安全，不要跑得过快，不要摔跤。

心理小知识

人际同步的社会伙伴效应

儿童人际运动同步所指向的对象（如机器人、同龄伙伴和成人）对儿童的同步表现也存在影响。有研究显示，2.5 岁的儿童分别跟随动态的击鼓机和成人同步击鼓时表现是不同的。[9] 在与成人同步击鼓的情况下，儿童能够自发地调整其敲击速度。但当对面是击鼓机时，儿童则没有显示出调整的迹象。类似地，如果对面的成人是儿童的母亲，即使是 1.5 岁的儿童，也会显示出自发调整速度的迹象，但如果对面是击鼓机的话，则没有调整的迹象。这说明人际运动同步有积极的社会伙伴效应，与最亲密的照顾者进行同步化运动，对儿童的同步表现促进效果最好。

游戏8 蝴蝶找花

游戏目的

本游戏通过训练神经反应速度，来提升幼儿的灵敏度。幼儿在游戏过程中，需要迅速改变体位、转换动作，以考验幼儿在条件变化时，迅速、准确完成动作的能力。

适用对象与游戏方式

中班及以上，集体教学。

游戏准备

可活动的大教室一间，A4 纸若干，彩笔若干，儿歌。

游戏流程

1. 邀请幼儿画花朵和蝴蝶。

2. 幼儿自愿选择扮演花朵或蝴蝶，教师参与。

3. 游戏开始，“花朵”唱儿歌，“蝴蝶”随之上下挥动双臂，在“花朵”间自由地飞来飞去。唱完儿歌后，“蝴蝶”要立刻找到一朵“花朵”并蹲在旁边。

注意事项

活动过程中提醒幼儿注意安全，不要碰撞其他同学。

心理小知识

如何提高幼儿神经反应速度

通过进行智力游戏、解谜、数学计算等活动，可以刺激幼儿大脑神经元的连接，提高其思维脑力的反应能力。随着幼儿的成长，引导幼儿尝试同时处理多个任务，可以锻炼大脑的多任务处理能力，提高反应灵活性。此外，不断学习新知识可以增加幼儿大脑的灵活性和认知能力，提高反应速度和准确性。

游戏 9 我们一起跳跳跳

游戏目的

本游戏通过训练神经反应速度，来提升幼儿的灵敏度。在变向跑的时候，幼儿需要迅速改变体位，这个过程考验幼儿在条件变化时，迅速、准确完成动作的能力。游戏中，幼儿的大脑皮层神经活动的灵活性得以增强，灵敏素质得以提高。

适用对象与游戏方式

中班及以上，集体教学。

游戏准备

可活动的大教室一间，每人一个小白瓶，小鼓一个，几何图形一套。

游戏流程

1. 邀请幼儿在小白瓶上进行创作，完成属于自己的彩瓶，并在教室中间的空地随意摆放创作完毕的彩瓶。

2. 将幼儿随机分成五组。分组进行游戏。幼儿按照小组排成5列，接力进行游戏。5名幼儿一同站在起跑线，按照教师的指令向指定彩瓶奔跑，例如教师喊“跑向蓝色的瓶子”，幼儿需要迅速找到瓶子并且改变身体方位跑向瓶子，同时不能碰倒其他瓶子。在这个过程中，教师可能会随时变换指令，指定其他彩瓶，幼儿需要灵活地改变目标，最终回到队伍。

3. 初级版：不推、不挤、不碰倒彩瓶，完成游戏后跑回自己的队伍。

4. 进阶版：听信号变速度，变方向跑、走。幼儿围绕几何图形站好，听鼓声按要求快跑、慢走。规则：鼓声快就快跑、鼓声慢就慢走、鼓声重就停。

注意事项

1. 游戏过程中要团结友爱，互相谦让，不推不挤，不碰撞别人。

2. 游戏过程中提醒幼儿注意安全，特别要注意脚下的瓶子，不要被绊倒。

心理小知识

什么是工作记忆

工作记忆是一种记忆容量有限的认知系统，对信息进行暂时地加工和贮存，在许多复杂的认知活动中起到重要作用。对幼儿来说，工作记忆能够帮助他们完成多步骤的活动以及解决具有挑战性的问题。在幼儿心理游戏活动中，教师讲解游戏规则、引导幼儿模仿规范动作，幼儿将这些信息以工作记忆的形式储存在大脑中，当其进行游戏时，可以将信息提取出来帮助自己完成挑战。

游戏10 水果蹲蹲乐

游戏目的

本游戏通过训练神经反应速度，来提升幼儿的灵敏度。游戏要求幼儿在指令下做出相应的动作，由此增强大脑皮层神经活动的灵活性，以增强灵敏素质。人在疲劳时灵敏性会变差，幼儿神经系统容易兴奋也容易疲劳，因此针对幼儿灵敏素质的训练要专门设计各种强度低、间歇充分的练习，并且要符合幼儿的兴趣。根据幼儿个体发育实际情况，循序渐进，合理安排。

适用对象与游戏方式

中班及以上，集体教学。

游戏准备

可活动的大教室一间。

游戏流程

1. 初级版：5 到 6 名幼儿为一组，每组围成一个圈进行游戏。游戏里每名幼儿自由选择代表一种水果，教师说口令“苹果蹲，苹果蹲，苹果蹲完，菠萝（另一水果名）蹲”，被叫到的人需要快速且准确地做出蹲下和站起的动作，反应较慢者（3 秒无应答）或错误应答者，被淘汰出局。

2. 进阶版：熟悉游戏规则后，将“飞”的动作加到其中，念到该口令时，应立即做出直立上跳的动作，以增加游戏的复杂性和挑战性。

注意事项

1. 游戏时要提醒幼儿团结友爱，互相谦让，不推不挤，不碰撞别人。

2. 在进阶版游戏中，应提醒幼儿注意安全，特别是在落地时注意不要扭到脚。

心理小知识

灵敏性训练的意义

灵敏性训练可以改善神经系统的支配。灵敏性训练是满足专项运动“神经—肌肉”需求的最有效的训练形式，训练的强度、持续时间、间歇时间及动作技术，可以根据专项需求进行个性化设计。

灵敏训练可以通过运动感知能力的提高，提高身体控制能力，即对精细动作的感知，以产生更加协调、灵活的运动和更为高效的运动能量的输出。

灵敏性训练可以提高运动整体效益。在对抗类项目中，良好的灵敏素质可以确保运动员形成最佳的进攻和防守技巧，减少多余动作，进而提高运动整体效益。

灵敏性训练可以避免不必要的损伤。良好的灵敏性能够使肌纤维被合理地激活，有效地控制髋关节、膝关节、踝关节、背部、肩关节和颈部的细微运动。当遇到突变时，神经肌肉能够协调运动，进而减免不必要的损伤。

三、拓展训练

游戏设计一

请根据前庭器官——旋转范式，围绕其心理学原理，设计一个运动力主题游戏，并填写下表。

游戏名称	
游戏目的	
适用对象与游戏方式	
游戏准备	
游戏流程	
注意事项	

游戏设计二

请根据本体觉——人际同步范式，围绕其心理学原理，设计一个运动力主题游戏，并填写下表。

游戏名称	
游戏目的	
适用对象与游戏方式	
游戏准备	
游戏流程	
注意事项	

游戏设计三

请根据腹内侧前额叶 —— 手部游戏范式，围绕其心理学原理，设计一个运动力主题游戏，并填写下表。

游戏名称	
游戏目的	
适用对象与游戏方式	
游戏准备	
游戏流程	
注意事项	

参考文献：

[1] 中华人民共和国教育部．3—6 岁儿童学习与发展指南 [EB/OL].（2015-05-27）[2023-12-14]. http：//www.moe.gov.cn/jyb_xwfb/xw_zt/moe_357/jyzt_2015nztzl/xueqianjiaoyu/yaowen/202104/t20210416_526630.htm.

[2] BERNIERI F J, REZNICK J S, ROSENTHAL R. Synchrony, pseudosynchrony, and dissynchrony: measuring the entrainment process in mother-infant interactions [J]. Journal of Personality and Social Psychology, 1988, 54 (2): 243-253.

[3] 张琳琳，魏坤琳，李晶．儿童的人际运动同步 [J]. 心理科学进展，2022，30 (03): 623-634.

[4] 同 [3].

[5] TUNÇGENÇ B, COHEN E, FAWCETT C. Rock with me: the role of movement synchrony in infants' social and nonsocial choices [J]. Child development, 2015, 86 (3): 976-984.

[6] CIRELLI L K, EINARSON K M, TRAINOR L J. Interpersonal synchrony increases prosocial behavior in infants [J]. Developmental science, 2014, 17 (6): 1003-1011.

[7] RABINOWITCH TAL-CHEN, MELTZOFF ANDREW N. Synchronized movement experience enhances peer cooperation in preschool children [J]. Journal of experimental child psychology, 2017, 160: 21-32.

[8] RABINOWITCH TAL-CHEN, KNAFO-NOAM ARIEL. Synchronous rhythmic interaction enhances children's perceived similarity and closeness towards each other [J]. Public Library of Science, 2015, 10 (4): e0120878.

[9] KIRSCHNER S, TOMASELLO M. Joint drumming: social context facilitates synchronization in preschool children [J]. Journal of Experimental Child Psychology, 2009, 102 (3): 299-314.

第七章

幼儿注意力游戏

学习时容易分心，听见任何外界声音都要去探望，常东张西望或发呆；做作业拖拉，边做边玩，作业又脏又乱；做事情时也经常丢三落四，经常弄丢东西，也经常忘事（如上学校时丢三落四，忘记分配的任务）。这些都是幼儿在日常生活中，注意力存在问题的表现。《2020 中国幼小衔接行业调研白皮书》显示，有 33% 的家长对自己孩子在注意力方面的表现不满。

有研究表明，大约有 40% 的幼儿存在或多或少的注意力问题。世界卫生组织通过调查统计得出，60% 有注意力问题的幼儿会随着年龄的增长有所改善，但仍有 40% 的幼儿会把问题带到成年，注意力问题甚至可能会伴随其终身，从而影响其工作能力和社会交往能力。一个注意力有问题的幼儿在很多方面的发展都会受到限制，例如语言发展、问题解决、复杂游戏等。因此，幼儿的注意力的培养是教师和家长都应该重视的。

一、如何进行注意力训练

注意是心理活动对一定对象的指向和集中。注意有两个基本特点：指向性与集中性。

（一）注意指向性训练

注意的指向性是指人在某瞬间的心理活动或意识选择了某个对象，而离开了另一些对象。注意的指向性是关系到注意力在哪个方向上活动的问题。方向选择不同，接收的外界信息就不同。平时人们常说的“视而不见”“听而不闻”就是指当意识完全偏向一个对象时，另外不感兴趣的对象则被忽略。

注意的指向性与自控力密切相关。自控力，即自我控制的能力，指一个人面对一些事物、突发事件等一系列的诱惑时，进行的自我控制。对幼儿来说，善于自我控制的幼儿可阻止注意转向其他有吸引力的想法，避免关注与当前目标无关的刺激物。因而通过训练幼儿的自控力，可以帮助幼儿更好地将注意力集中在目标物上。

心理学上针对注意指向性主要使用双耳分听范式进行研究。双耳分听范式指将完全不同的声音信号或某一声音信号的任一参数置于两耳时的收听情况。给被试的两耳同时呈现两种材料，让被试大声地追随一只耳朵所听到的材料，并检查被试另一只耳朵所获得的信息。前者被称为追随耳，后者被称为非追随耳。结果发现，被试从非追随耳得到的信息很少。从追随耳进入的信息，由于受到注意，得到了进一步加工、处理；而从非追随耳进入的信息，由于没有受到注意，便没有被接收。在这一过程中，注意的指向性保证了人们能够把注意力集中到重要的刺激或刺激的重要方面，排除次要刺激的干扰，更有效地感知和适应外界环境。

（二）注意集中性训练

注意的集中性是指当心理活动或意识指向某个对象时，它们会在这个对象上集中起来。如果说注意的指向性是注意的朝向问题，那么注意的集中性就是注意力在这个方向上活动的强度或紧张度。注意力高度集中会消耗大量的体力与精力，平时我们说幼儿在听课或看书时“心不在焉”“开小差”“三心二意”，就是指注意力不集中，意识在一定方向上活动的强度或紧张度还不到位。

注意的集中性与自我抑制密切相关。抑制指的是一种能够被意识觉察到并困扰着意识感受的心理过程，是每个人用来控制某些愿望和欲求的方法。抑制控制包括注意抑制、认知抑制及自我控制。巧用抑制控制对控制幼儿的注意力起着十分重要的作用，比如自我抑制能力较差的幼儿不能很好地抑制自己，他们做事容易分心。抑制则可以帮助他们排除干扰，抵制分心物，提高注意力。

针对注意的集中性，心理学上主要使用经典的 Go/No Go 实验范式。Go/No Go 范式是在诺塞克（Nosek）和巴那吉（Banaji）内隐联想测验（IAT）的基础上发展起来的新的测量内隐社会认知的方法。被试需要在接受到刺激后通过两个不同的线索来决定是否要做出反应。随后研究者发现 Go/No Go 范式中涉及执行功能的抑制控制成分，将其发展成测量执行功能抑制控制成分的一种范式。当教师呈现的是某类特定的刺激时，要进行相应的动作（Go）；而当教师呈现的是另一类刺激时，幼儿就不能进行相应动作（No Go）。

综上，自我控制是有机体的自我调节，是在有意识下实现的高级心理过程。而自我抑制是在潜意识中实现的，是深层次的心理过程。本书根据双耳分听范式，设计六种训练以提高幼儿自控力，从而发展注意指向性；根据 Go/No Go 范式，设计五种训练以提高幼儿自我抑制，从而发展注意集中性。

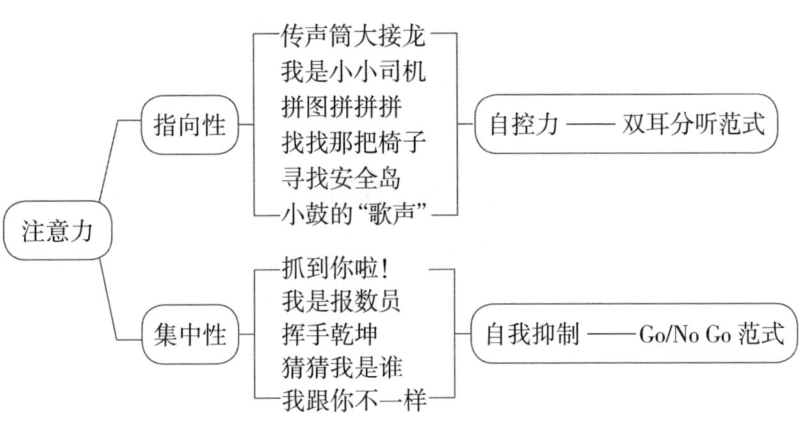

二、我们怎么玩

游戏 1 传声筒大接龙

游戏目的

本游戏改编自双耳分听范式。在游戏过程中,教师将给幼儿的两耳同时呈现两种不同的材料,并让幼儿有意识地控制自己的听觉通道,只听其中一只耳的声音,而忽略另一只耳听到的声音。幼儿需要通过自我控制将主要信息传递给下一名幼儿,忽略次要信息,从而提高注意力指向性,提升注意力分配的能力。

适用对象与游戏方式

中班及以上,集体教学。

游戏准备

多媒体教室一间,A4 纸若干,胶带若干,彩笔,卡通人物音频。

游戏流程

1. 教师示范制作传声筒,指导幼儿将桌子上的 A4 纸自制成自己喜欢的传声筒,幼儿可以发挥自己的想象在传声筒上进行 DIY。

2. 5 名幼儿一组,教师引导幼儿将纸棒当作传声筒进行游戏。

3. 初级版:无干扰进行传递。教师先告诉第一名幼儿一句话,然后第一名幼儿用传声筒告诉第二名幼儿,第二名幼儿再用传声筒告诉第三名幼儿……

最后一名幼儿大声告诉全体幼儿自己听到的信息。

4. 进阶版：多媒体播放幼儿喜欢的卡通人物的音频，进行干扰传递。

5. 给分数最高的一组幼儿颁发五角星奖励。

注意事项

1. 引导幼儿说话时要注意声音的大小，互相谦让，相互合作，注意不能用传声筒打或者戳其他小朋友。

2. 在操作活动中引导幼儿发现空心纸棒能传声。

3. 在进阶版中，教师应该选择能够吸引幼儿注意的音频片段。

心理小知识

什么是注意捕获

注意捕获（Attentional Capture）是指与目的无关的刺激能够自动地吸引注意的现象。注意捕获的操作性定义指注意优先定位于环境中的某个位置。根据这一定义，如果自我信息相比其他信息更能自动捕获注意，则表明在无目的的、无意识的、不受控制的情况下，注意能较早地转移到或定位于自我信息上。注意捕获包括视觉注意捕获、听觉注意捕获等感觉注意捕获。

游戏2 我是小小司机

游戏目的

本游戏改编自双耳分听范式，利用汽车华容道玩具，让幼儿有意识地控制自己的注意力，将注意力保持在小红车上，这样可以培养幼儿的注意力指向性。游戏中，幼儿需要明确特定的材料，灵活地变换各种车开出的路线，有意识地控制自己的视觉通道，从而锻炼注意力的分配和转移能力。

适用对象与游戏方式

大班，集体教学。

游戏准备

多媒体教室一间，汽车华容道玩具。

游戏流程

1. 幼儿坐在位置上，教师面对幼儿，先给幼儿介绍玩具，并讲解游戏规则、示范移动小车。

2. 2名幼儿一组，按照游戏卡片上的位置，先将车辆摆好；游戏开始时，将阻挡车辆逐一开走，令小红车能顺利开出出口，这样才视为挑战成功，从而继续下一关卡。

注意事项

1. 所有车辆只能沿着轨道滑动，不能用手随意拿到其他轨道。

2. 幼儿在游戏过程中可能会忘记规则，教师应该适时提醒。

3. 游戏可能会有点难度，教师要注意幼儿的情绪，当幼儿觉得很难，不愿意尝试时，教师需要多鼓励，并给予幼儿适当的引导。

心理小知识

什么是有意注意

有意注意也称随意注意，是有预定目的，必要时需要意志努力的注意。有的心理学家也称它为积极的注意、主动的注意。比如我们在学习上遇到困难或环境中出现种种干扰学习的因素时，我们通过意志的努力，使注意力保持在要学习的东西上。对活动目的的理解是影响有意注意的一个因素，因此，只有保证幼儿明白活动目的，才能更好地训练幼儿的注意。

游戏3 拼图拼拼拼

游戏目的

本游戏改编自双耳分听范式，需要幼儿在一堆干扰物豆子中找到符合要求的豆子，然后利用胶水将豆子粘成一幅图，过程中幼儿需要有意识地寻找特定目标。本游戏的进阶版类似于七巧板游戏，教师会给予幼儿大量的碎片，有些碎片在拼图过程中并不需要使用。本游戏给幼儿提供了两种不同的刺激材料，能有效锻炼幼儿的注意力。

适用对象与游戏方式

中班及以上，集体教学。

游戏准备

多媒体教室一间，卡片若干，彩豆若干，拼图碎片，胶水。

游戏流程

1. 幼儿坐在教室中，教师面对幼儿。

2. 初级版：豆子拼图，幼儿需要使用不同颜色的豆子拼成卡片上的图形，看看谁拼得又快又好。

3. 进阶版：还原拼图，幼儿需要根据图片，用自己手里的拼图碎片（教师还可以多增加几块无效碎片）拼成和图片一模一样的图形。

4. 给拼得又快又好的幼儿颁发五角星奖励。

注意事项

1. 营造安静舒适的环境，避免无关刺激干扰幼儿的注意力。

2. 由于幼儿的认知水平存在一定的差距，教师应该了解幼儿的身心发展水平，然后根据幼儿的最近发展区来选择合适的难度系数。

心理小知识

什么是最近发展区

维果斯基(Vigotsky)的“最近发展区理论”认为学生的发展有两种水平:一种是学生的现有水平,指独立活动时所能达到的解决问题的水平;另一种是学生可能的发展水平,也就是通过教学所获得的潜力。两者之间的差异就是最近发展区。教学应着眼于学生的最近发展区,为学生提供带有难度的内容,调动学生的积极性,发挥其潜能,超越其最近发展区而达到下一发展阶段的水平,然后在此基础上进行下一个发展区的发展。

游戏4 找找那把椅子

游戏目的

本游戏改编自幼儿园经典游戏——“抢椅子”。游戏开始时告诉幼儿要坐贴有什么颜色卡片的椅子,这些有颜色的卡片是给幼儿提供他们要选择注意的刺激。根据游戏规则,当音乐停了,他们只有快速抢到指定颜色的椅子才不会被淘汰。在这个过程中,幼儿需要接受视觉和听觉两种刺激,准确选择主要刺激,排除次要刺激的干扰,以此来锻炼视觉选择注意力。

适用对象与游戏方式

中班及以上,集体教学。

游戏准备

可以活动的大教室一间,椅子若干,彩色卡纸若干,不同节奏的音乐。

游戏流程

1. 往椅子上贴上不同颜色的卡片,并将椅子围成一个圆,让幼儿站在椅子外圈围成圆,教师播放音乐。

2. 当音乐响起时,幼儿就围着椅子向同一方向绕圈,并且按音乐的快慢有节奏地绕圈。教师(幼儿)发出指令,让幼儿坐到贴有某颜色卡纸的椅子上,当音乐停止时,幼儿便快速坐到贴有这些颜色卡片的椅子上,没有抢到椅子的幼儿在等待区给其他幼儿加油。

3. 简易版:幼儿围着椅子正常绕圈。

4. 升级版:幼儿要学小动物走路并围着椅子绕圈。

注意事项

1. 开始时教师可以多说几种颜色,让大部分幼儿都可以坐到椅子,后面再慢慢减少颜色种类。

2. 游戏时要注重安全问题,一定告诉幼儿不可以相互推挤,在游戏区旁设置等待区。

3. 在游戏过程中,教师要注意被淘汰学生的情绪,给予鼓励和积极引导。

心理小知识

什么是选择性注意力

选择性注意力是指在呈现的2种或2种以上的刺激中,选择1种刺激进行注意;它依赖于中脑和脑干,并随着前额皮质的变化而变化,在我们生活和学习中是必不可少的一种注意力。选择性注意力与自制力密切相关,善于自制的人可阻止头脑转向其他有吸引力的想法,避免关注与当前目标无关的刺激物。选择性注意力的实质就是把注意力指向目标物,通过多次的游戏,这种能力也会被迁移到日常的生活和学习中。

游戏5 寻找安全岛

游戏目的

本游戏改编自双耳分听范式,需要幼儿有意识地控制自己的视觉通道,将注意力聚焦于手上的颜色卡片和数字卡片。本游戏旨在训练幼儿的视觉持续注意力。

适用对象与游戏方式

中班及以上,集体教学。

游戏准备

可活动的大教室一间,红、黑、蓝、绿色的圈若干,颜色卡片,数字卡片,音频。

游戏流程

1. 教师给幼儿介绍游戏：老师被施了魔法变成了“大灰狼”，小朋友们是“小精灵”，要去寻找相应的“安全岛”保护自己。

2. 简易版：地上有红、黑、蓝、绿色的圈分开摆着。当音乐响起时，幼儿就一起跳舞；当音乐停止时，教师就要开始抓“小精灵”。此时教师会举起一种颜色卡片，幼儿要快速跑到这种颜色的圈里。

3. 升级版：当音乐停止时，教师就要开始抓“小精灵”，此时教师会举起一种颜色卡片和一张数字卡片。颜色卡片表示幼儿要快速跑进的圈的颜色；数字卡片则表示每个“安全岛”可以最多保护几个“小精灵”。比如教师举起红色卡片和数字 3，那么红色圈是“安全岛”，但是红色圈最多可以保护 3 个“小精灵”。如果多于 3 个的话，只有前 3 个“小精灵”是安全的。成功进入“安全岛”的“小精灵”可以获得一个印章。

注意事项

1. 营造安静舒适的环境，避免无关刺激干扰幼儿的注意力。

2. 简易版游戏主要是让幼儿明白游戏规则，并将注意力放在颜色上；升级版游戏需要幼儿注意数字和颜色两种信息，幼儿需要在游戏中保持高度集中的注意力。

3. 教师需提醒幼儿注意安全，不能推搡。

心理小知识

游戏的情境性原则

情境性原则是指开始的游戏带有一个情景模式。具有故事情境能更快地把幼儿带入游戏中，从而更能提高幼儿的注意力水平。特别是当幼儿遇到比较难的游戏时，相比教师要求他们完成任务，具有故事情境的设计更能调动幼儿的积极性和提高其参与度，使他们更能克服困难从而挑战成功。

游戏6 小鼓的“歌声”

游戏目的

本游戏需要幼儿注意鼓声的速度和鼓声的来源，进行注意选择。鼓声持续的时间越长，幼儿就需要调动更多的持续注意力；鼓声变化频率越快，幼儿就要越快地变换动作，这样就需要更多的注意力参与。幼儿有意识地控制自己的听觉通道，通过听觉判断鼓声的来源以及鼓声的速度，在长时间选择听觉信息的过程中锻炼听觉注意力。

适用对象与游戏方式

中班及以上，集体教学。

游戏准备

可活动的大教室一间，鼓及鼓棒各一个。

游戏流程

1. 幼儿在教室中排列为一横排,教师面对幼儿。

2. 初级版:鼓棒敲打鼓面,表示向前走;敲打鼓边,表示向后退。幼儿需要根据鼓声做出相应动作。

3. 等幼儿熟悉规则后加上速度变化:快速敲打——快速前进或后退;慢速敲打——慢速前进或后退。

4. 升级版:教师要求幼儿对相反的提示做出反应,例如:敲打鼓面,表示向后退;敲打鼓边,表示向前进。

注意事项

1. 教师先负责敲鼓,等幼儿熟悉游戏规则后可以请幼儿来敲鼓,让他们自己玩游戏,这时候教师可以逐渐退出游戏,但要在旁维持秩序。

2. 给幼儿提供一个较为安静、安全的环境进行游戏。

心理小知识

如何提升幼儿选择性注意力

提升选择性注意力的重要路径是帮助幼儿学会忽视不必要的刺激。在游戏中设置一些干扰刺激,然后对特定的刺激做出相应的反应,这样幼儿的选择性注意力就可以得到发展。例如:“升级版抢椅子”游戏中的游戏规则——需要抢到指定颜色的椅子,就需要幼儿把注意力放在指定颜色的椅子上,而忽视其他无关刺激。类似于寻找指定颜色椅子的游戏,可以帮助幼儿发展选择性注意力。

游戏7 抓到你啦

游戏目的

本游戏准备10根磁力棒，随机往下掉落，幼儿要有意识地控制自己的注意力，通过视觉判断是哪一根磁力棒将要掉落。在长时间抑制其他外在信息干扰的过程中，幼儿的注意力稳定性可以得到锻炼。

适用对象与游戏方式

中班及以上，集体教学。

游戏准备

可活动的大教室一间，10根磁力棒游戏道具，麻将牌若干，沙包若干。

游戏流程

1. 初级版：磁力棒随机一根一根往下掉落，掉落的时间间隔为1秒。

2. 升级版：将麻将牌随意地平放于桌上，然后第一名进行游戏的幼儿将沙包往空中一抛，要趁沙包未落下时敏捷地竖立起桌上的一只或几只麻将牌，并排放到自己面前，并及时接住落下的沙包。如未接住沙包或没竖起一只麻将牌，就换下一名幼儿。以此类推，直至抓完所有的麻将牌，竖立起来的麻将牌数量最多的幼儿获胜。

注意事项

1. 确保幼儿抓麻将牌与接沙包是同一只手。

2. 游戏过程中需要提醒幼儿注意安全，小心不要被磁力棒或者沙包砸中，扔沙包的时候也不要对准其他同学。

心理小知识

什么是视觉注意

视觉注意是个体选择任务相关的信息并控制无关信息的一种认知机制。波斯纳（Posner）将注意分为内源性注意和外源性注意两种。内源性注意受到意识的控制，因此又叫作随意性选择性注意，是指根据观察者行为的目的或意图来分配注意力。在波斯纳实验中，内源性线索引导的是自上而下的控制加工；外源性注意是个体无意识地被注意对象的特征所吸引，主要是由于物体刺激的特性，所以又被称为刺激驱动形式的选择性注意或不随意选择性注意，是指由观察者视野外部的信息所引起的注意定向，这种外源性线索引导的是自下而上的自动化加工。[1]

游戏8 我是报数员

游戏目的

本游戏需要幼儿将注意力集中在视觉上。通过动态练习，幼儿能无意识地控制自己的视觉通道，快速搜寻视觉中的目标，从而锻炼视觉注意力。通过改变幼儿视觉定向搜索运动的速度，培养幼儿注意力分配和转移能力。动态的练习能锻炼幼儿的视神经末梢，最终提升幼儿的注意力稳定性，从而提升注意力的广度。

适用对象与游戏方式

中班及以上，集体教学。

游戏准备

多媒体教室一间，玩具玩偶，舒尔特方格卡片（2×2、3×3、4×4、5×5）。

游戏流程

1. 幼儿围坐在教师周围进行游戏。

2. 初级版——过目不忘：教师向幼儿展示一个玩具玩偶，让幼儿仔细观察10秒钟，然后闭上眼睛，教师收起玩偶，向幼儿询问玩偶的细节特征，看幼儿回忆的准确性。

3. 提升版——舒尔特方格：两组幼儿围坐在教师周围，教师呈现2×2、3×3的舒尔特方格卡片带大家一起指读。训练方法：按照数字1—4、1—9的顺序依次数数，一边用手指点着数字数，一边读出该数字，速度越快越好。

4. 进阶版——查漏补缺：教师随机拿出3×3、4×4、5×5的有空缺数字的舒尔特方格卡片，引导幼儿观察并完成填空。看幼儿的反应速度，给做得好的幼儿奖励。

注意事项

1. 根据以往研究，中班幼儿只能完成 10 以内的数字，即 3×3 的难度，大班部分学生能完成 4×4 的难度。教师可以据此设置难度。

2. 同样的方格，可以提示幼儿加快速度再来一次，提升注意的转移能力，奖励有进步的幼儿。

心理小知识

舒尔特方格

舒尔特方格在 5×5、4×4、3×3 方格内随机呈现 25、16、9 个数字。舒尔特方格具有规则简单、富有游戏性、用时短等优点，可以突破时间、地点的限制，因而在实践中被广泛应用。本游戏运用舒尔特方格以及它的变形开展游戏，旨在更好地提升幼儿的视觉注意力。5—7 岁年龄组达到 30 秒以下为优秀，8—12 岁年龄组达到 20 秒以下为优秀。

研究发现，中班幼儿能较好地识别 10 以内的数字，但对超出 10 的数字的视觉呈现反应很慢，几乎不能独立完成 5×5 的舒尔特方格。因此在舒尔特方格训练中，3×3 和 4×4 的舒尔特方格对幼儿的训练效果较好。

游戏 9 挥手乾坤

游戏目的

本游戏将幼儿的听觉与动作相结合。幼儿通过听觉注意判断“我”该做出什么动作，在此过程中，无意识地保持听觉注意。进一步，在简单版游戏基础上，让幼儿在听觉持续注意后短时间内做出相反的动作，锻炼幼儿的听觉持续注意力以及反应力。

适用对象与游戏方式

中班及以上，集体教学。

游戏准备

可活动的大教室一间，彩笔若干，白纸若干，小板凳若干。

游戏流程

1. 教师要求幼儿画一些自己熟悉的水果和动物。

2. 简易版 —— “举手”：幼儿们围成一个半圆，面对教师。教师做发令员，幼儿听指挥做动作。幼儿听到不同类别的词语，做出不同的动作，并要根据教师的指令拿出自己画的水果或动物。例如，请幼儿听到水果类的词语就举左手，并拿出相关水果的画；听到动物类的词语就举右手，并拿出相关动物的画。

3. 进阶版 —— “大西瓜小西瓜”：幼儿在听到教师说“大西瓜”时，比画“小西瓜”的手势；相反，当听到“小西瓜”时，则要比画“大西瓜”的手势（游戏开始前，首先向幼儿演示“大西瓜”和“小西瓜”的动作。两手虎口相对，分开约五十厘米的距离做成一个大圆的形状表示“大西瓜”；合至两手手指相触所围成的小圆表示“小西瓜”）。教师发出的指令可以由慢而快，难度逐渐增大。

注意事项

1. 根据幼儿的年龄进行事物识别的难度区分，用幼儿经常能够见到的水果或动物作为指令，提升幼儿的关注度和兴趣。

2. 练习过程中需要纠正做错的幼儿，练习之后才是正式游戏，正式游戏过程中不需要进行纠正。

心理小知识

什么是听觉注意力训练

听觉作为仅次于视觉的重要感官通道，其发展对儿童的成长同样有重要意义。类似于视觉注意系统，听觉注意系统负责对传入听觉中枢的信息进行分析调控，摒弃无关信息，提取重要信息。听觉注意力较差的儿童在学习时难以专心听讲，对他人的话也似听非听，不仅影响学习，也影响其人际交往等。

游戏10 猜猜我是谁

游戏目的

本游戏中，幼儿的眼睛将被遮住，让幼儿潜意识控制自己的听觉通道，通过听觉判断是哪一位小朋友在发出声音。在长时间抑制其他外在信息的干扰的过程中锻炼幼儿的听觉注意力，训练幼儿的注意稳定性。

适用对象与游戏方式

中班及以上，集体教学。

游戏准备

多媒体教室一间，眼罩自制材料若干，动画人物经典语句录音（熊大、喜羊羊、灰太狼等）。

游戏流程

1. 幼儿自制适合自己的眼罩，教师给予一些指导，可以在眼罩上进行 DIY，幼儿可以发挥自己的想象。

2. 播放幼儿熟悉的卡通人物的声音，让幼儿听并说出相对应的卡通人物的名字。例如，灰太狼："我一定会回来的！"

3. 幼儿围成半圆盘坐，戴上自制眼罩。教师面对幼儿。

4. 教师指定一名幼儿，说："请这位小朋友向其他小朋友问声好。"这名幼儿就用变换音色、语调的声音说一句："请你猜猜我是谁。"

5. 教师让幼儿倾听、分辨小伙伴的声音，猜猜说话的人是谁，猜对了就可以加 1 分。

6. 给分数最高的幼儿颁发五角星奖励。

注意事项

1. 营造安静舒适的环境，避免无关刺激干扰幼儿的注意力。

2. 可以让两三名幼儿同时说出“请你猜猜我是谁”，让其他幼儿分辨所有出声者，提高游戏难度。

心理小知识

什么是注意的稳定性

注意的稳定性指注意集中于某一对象或某一操作活动所维持的时间的长短。注意维持的时间愈长，儿童注意的稳定性愈高。在注意过程中，儿童注意的稳定性与集中性密切相关，它不仅是一种重要的注意品质，也是儿童在学习、游戏等活动中取得良好效果的重要保障。一般来说，儿童注意的稳定性会随年龄的增长而提升。[2]

游戏11 我跟你不一样

游戏目的

本游戏从听觉的角度，通过训练幼儿对简单规则的掌握和抑制优势反应的能力，提升幼儿的听觉持续注意力。本游戏改编自 Go/No Go 范式，运用生动有趣的耳朵鼻子游戏和方向感游戏，让幼儿对听觉信息保持集中注意，并在抑制外在信息干扰的过程中锻炼持续注意力。

适用对象与游戏方式

中班及以上，集体教学。

游戏准备

可活动的大教室一间。

游戏流程

1. 幼儿围成半圆盘坐，教师面对幼儿。

2. 耳朵鼻子游戏要求：如果教师说摸摸鼻子，那幼儿就要摸摸耳朵；如果教师说摸摸耳朵，那幼儿就要摸摸鼻子。

3. 方向感游戏要求：幼儿需要做与指令相反的动作。例如：教师说向前走，幼儿就要向后走；教师说向后走，幼儿就要向前走；教师说向左转，幼儿就要向右转；教师说向右转，幼儿就要向左转；教师说向后转，幼儿就要原地不动。

注意事项

1. 游戏开始之前进行练习，练习过程中需要纠正做错的幼儿，练习之后，就是正式游戏。正式游戏过程中不需要进行纠正。

2. 在幼儿熟悉规则并能在较慢的速度下做出正确反应后，逐渐加快速度。

3. 当有的幼儿跟不上节奏，出现负面情绪时，教师要及时做好情绪的安抚工作。

心理小知识

什么是抑制控制

抑制控制是指控制自己的注意、想法、行为的能力。抑制控制包括注意抑制、认知抑制及自我控制。巧用抑制控制对幼儿控制自身的注意起着十分重要的作用,比如抑制控制能力较差的儿童不能很好地控制自己,做事容易分心。抑制控制可以帮助他们排除干扰,抵制分心物,提高注意力。

三、拓展训练

游戏设计一

请根据自控力——双耳分听范式,围绕其心理学原理,设计一个注意力主题游戏,并填写下表。

游戏名称	
游戏目的	
适用对象与游戏方式	
游戏准备	
游戏流程	
注意事项	

游戏设计二

请根据自我抑制——Go/No Go 范式,围绕其心理学原理,设计一个注意力主题游戏,并填写下表。

游戏名称	
游戏目的	
适用对象与游戏方式	
游戏准备	
游戏流程	
注意事项	

参考文献:

[1] POSNER M I, SNYDER C R, DAVIDSON B J. Attention and the detection of signals [J]. Journal of Experimental Psychology, 1980, 109 (2): 160–174.

[2] 杨慧慧 . 学前儿童注意力提升的家庭训练策略 [J]. 教育导刊(下半月), 2018 (12): 75–78.